Googleサービス 完全ガイドブック

技術評論社

Google Service
Contents

Chapter 1
Googleサービスの基本を知ろう

001	Google のサービスを確認しよう	012
002	Google の画面構成を確認しよう	013
003	Google アカウントを作成しよう	014
004	Google にログインしよう	015
005	Google をお気に入りに登録しよう	015
006	Google のサービスを使おう	016
007	Android スマートフォンで Google アカウントを登録しよう	017
008	iPhone で Google アカウントを登録しよう	018
009	スマートフォンで Google のサービスを使おう	019
010	Android スマートフォンで Google のアプリをインストールしよう	020
011	iPhone で Google のアプリをインストールしよう	020

Chapter 2
Google検索を使いこなそう

012	Google 検索の基本と検索結果画面の見方を知ろう	022
013	複数のキーワードで効率よく検索しよう	023
014	最近の検索結果だけ表示されるようにしよう	023
015	知らない言葉の意味を検索しよう	024
016	パソコンのトラブルの解決方法を検索しよう	024
017	海外の Web ページを日本語で翻訳表示しよう	024
018	あいまいな言葉を検索しよう	025
019	ニュースを検索しよう	025

020	検索演算子を使いこなそう	026
021	条件を細かく指定して検索しよう	026
022	資料作成で使える画像やイラストを検索しよう	027
023	自分の持っている画像の情報を検索しよう	027
024	エラーで見られないWebページを表示しよう	028
025	旅行先の天気予報を検索しよう	028
026	宅配便の配送状況を調べよう	028
027	郵便番号を検索しよう	029
028	計算結果や換算結果を調べよう	029
029	英単語の意味を調べよう	029
030	検索履歴を表示しよう	030
031	検索履歴を削除しよう	030
032	Google検索の隠しコマンドとは？	031
033	スマートフォンでGoogle検索しよう	032
034	手書き入力で検索しよう	032
035	「Google」アプリで検索しよう	033
036	音声で検索しよう	033
037	Googleアシスタントで何でも調べよう	034

Chapter 3

Gmailでメール環境を快適にしよう

038	Gmailの基本と画面構成を知ろう	036
039	メールを受信／閲覧しよう	037
040	メールを作成して送信しよう	037
041	メールをすばやく返信／転送しよう	038
042	写真を送信しよう	038
043	添付ファイルを保存しよう	039
044	Googleドライブの大きなファイルを送信しよう	039
045	複数の宛先にメールを送ろう	040
046	テキスト形式でメールを送ろう	040
047	署名を作成しよう	040
048	メールを検索しよう	041
049	特定の送信者からのメールを検索しよう	041
050	詳細な条件でメールを検索しよう	041
051	タブに分類されたメールを確認しよう	042
052	メールのやり取りをまとめないようにしよう	042

053	英文メールを翻訳しよう	043
054	メールをアーカイブ／削除して整理しよう	043
055	スターを付けてメールを整理しよう	044
056	スターの色を使い分けよう	044
057	重要マークを付けてメールを整理しよう	044
058	ラベルを作成しよう	045
059	ラベルでメールを整理しよう	045
060	重要なメールを優先的に表示しよう	046
061	フィルタでメールを振り分けよう	046
062	すべてのメールを自動転送しよう	047
063	特定のメールを自動転送しよう	048
064	メールの本文だけ印刷しよう	049
065	メールのタイトル一覧を印刷しよう	049
066	プロバイダーのメールを Gmail で読もう	050
067	誤って送信したメールを取り消そう	050
068	迷惑メールを管理しよう	051
069	テーマを変更しよう	051
070	ショートカットキーを使いこなそう	051
071	パソコンのメールソフトで Gmail を使おう	052
072	連絡先の画面構成を知ろう	053
073	連絡先を登録しよう	053
074	連絡先を編集しよう	054
075	連絡先を削除しよう	054
076	連絡先を使ってメールを送信しよう	054
077	連絡先をグループにまとめよう	055
078	スマートフォンの「Gmail」アプリでメールを閲覧しよう	055
079	「Gmail」アプリでメールを作成／送信しよう	056
080	「Gmail」アプリでメールを検索しよう	056
081	「Gmail」アプリで出先からメールを整理しよう	057
082	スマートフォンで Gmail の通知設定を確認しよう	057
083	iPhone の「メール」アプリで Gmail を使おう	058

Chapter 4
Googleマップを使って出かけよう

084	Googleマップの基本と画面構成を知ろう	060
085	現在地を表示しよう	061
086	地図を移動／拡大／縮小しよう	061
087	指定した住所や施設の場所を表示しよう	062
088	航空写真や現地の写真を表示しよう	063
089	地図を3Dで表示しよう	063
090	ストリートビューを表示しよう	064
091	デパートや美術館などの中まで見よう	064
092	地球以外の惑星を探検しよう	065
093	地図内の距離を測ってみよう	065
094	地図上の情報を共有しよう	066
095	目的地へのルートを検索しよう	066
096	目的地までの交通状況を確認しよう	067
097	目的地付近の路線図を確認しよう	067
098	電車やバスの時刻表を確認しよう	068
099	目的地付近のお店や施設を検索しよう	068
100	地図やルートを印刷しよう	069
101	自宅や職場の場所を登録しよう	069
102	マイマップを作成しよう	070
103	ルート検索結果をスマートフォンに送ろう	071
104	スマートフォンでGoogleマップを使おう	071
105	スマートフォンで周辺情報を調べよう	072
106	スマートフォンでルートを検索しよう	072
107	スマートフォンをカーナビにしよう	073
108	スマートフォンで自分のいる場所を友達に知らせよう	074

Chapter 5
Googleカレンダーで予定を管理しよう

109	Googleカレンダーの基本と画面構成を知ろう	076
110	Googleカレンダーの表示形式を変更しよう	077
111	Googleカレンダーに予定を登録しよう	077

112	予定時刻が近付いたら通知が届くようにしよう	078
113	長期間にまたがる予定を登録しよう	078
114	定期的な予定を登録しよう	079
115	予定を変更しよう	079
116	予定を削除しよう	079
117	Gmailからの自動予定登録をオフにしよう	080
118	予定を色分けして見やすくしよう	080
119	予定を検索しよう	081
120	今日の予定が毎朝メールで届くようにしよう	081
121	天気予報を表示しよう	082
122	カレンダーを印刷しよう	082
123	Windows 10の「カレンダー」アプリと同期しよう	083
124	仕事とプライベートでカレンダーを分けよう	084
125	複数のカレンダーを並べて表示しよう	084
126	カレンダーを家族や仲間と共有しよう	085
127	リマインダーを登録しよう	086
128	スマートフォンでGoogleカレンダーを使おう	087
129	iPhoneの「カレンダー」アプリでGoogleカレンダーを表示しよう	087
130	スマートフォンでリマインダーを管理しよう	088

Chapter 6
Googleドライブでファイルを管理しよう

131	Googleドライブの基本と画面構成を知ろう	090
132	Googleドライブにファイルを保存しよう	091
133	Googleドライブのファイルを閲覧しよう	091
134	ファイルをフォルダで整理しよう	092
135	ファイルをスターで整理しよう	092
136	ファイルを移動しよう	092
137	ファイルをパソコンと同期しよう	093
138	OfficeファイルをGoogleドライブで編集しよう	093
139	テンプレートを使ってファイルを新規作成しよう	094
140	ファイルをOfficeファイルに変換してダウンロードしよう	094
141	ファイル名を変更しよう	095
142	ファイルの変更履歴を確認しよう	095
143	画像やPDFの文字をOCR機能でテキストにしよう	095
144	ファイルを職場の仲間と共有しよう	096

145	アップロードしたファイルを削除しよう	097
146	ファイルをきれいに印刷しよう	097
147	Google ドキュメントの使い方を知ろう	098
148	Google スプレッドシートの使い方を知ろう	099
149	Google スライドの使い方を知ろう	100
150	Google フォームの使い方を知ろう	101
151	スマートフォンで Google ドライブを使おう	102
152	Google ドキュメントなどのアプリを使おう	102

Chapter 7

Googleフォトで写真を整理しよう

153	Google フォトの基本と画面構成を知ろう	104
154	Google フォトに写真を保存しよう	105
155	保存した写真を閲覧しよう	105
156	名前や撮影場所で写真を検索しよう	106
157	気に入った写真をダウンロードしよう	106
158	不要な写真を削除しよう	106
159	検索結果から漏れた写真を追加しよう	107
160	タイムスタンプを修正しよう	107
161	アルバムを作成して整理しよう	108
162	アルバムをスライドショーで再生しよう	109
163	人物写真にラベルを付けて検索しよう	109
164	写真を友だちと共有しよう	110
165	写真を自動で補正しよう	111
166	写真をトリミングしよう	111
167	スマートフォンで Google フォトを使おう	112
168	スマートフォンの写真を自動でバックアップしよう	113
169	スマートフォンで写真を共有しよう	114
170	写真を削除してスマートフォンの空き容量を増やそう	114

Chapter 8 YouTubeの動画を楽しもう

171	YouTubeの基本と画面構成を知ろう	116
172	動画を検索して閲覧しよう	117
173	英語の動画に字幕を付けて動画を見よう	117
174	同じシーンをくり返したり巻き戻したりしよう	118
175	関連動画が自動再生されないようにしよう	118
176	気に入った動画をあとで見られるようにしよう	119
177	お気に入りの投稿者の動画を見よう	119
178	前に見た動画をもう一度見よう	120
179	マイチャンネルを作成しよう	120
180	お気に入りの動画を再生リストにまとめよう	121
181	動画をYouTubeにアップロードしよう	122
182	YouTubeにアップロードした動画を非公開にしよう	123
183	YouTubeにアップロードした動画を削除しよう	123
184	スマートフォンでYouTubeの動画を閲覧しよう	124

Chapter 9 Google Chromeを使いこなそう

185	Google Chromeの基本と画面構成を知ろう	126
186	Google Chromeをインストールしよう	126
187	Googleアカウントでログインしよう	126
188	Google Chromeの同期設定を確認しよう	127
189	Webページを検索しよう	127
190	Webページ上のテキストから検索しよう	128
191	Webページ内のキーワードを検索しよう	128
192	一度閉じたタブを再び開こう	129
193	常に開いておきたいWebページをタブに固定しよう	129
194	ブックマークバーを表示しよう	129
195	Microsoft Edgeのお気に入りを取り込もう	130
196	履歴からWebページを開こう	130
197	履歴を削除しよう	131
198	履歴を残さずにWebページを閲覧しよう	131

199	キャッシュを削除しよう	131
200	住所や名前を自動入力しよう	132
201	Web サービスのパスワードを保存しよう	132
202	Web ページを印刷しよう	133
203	Web ページを PDF で保存しよう	133
204	Web ページを翻訳しよう	134
205	Google Chrome を既定の Web ブラウザにしよう	134
206	スマートフォンで「Google Chrome」アプリを使おう	135
207	スマートフォンの Google Chrome の同期を設定しよう	135
208	パソコンで見ていた Web ページをスマートフォンで見よう	136
209	同期したデータをリセットしよう	136

Chapter 10
そのほかのGoogleサービスを使おう

210	スマートスピーカー Google Home で「OK Google !」	138
211	Google 翻訳で翻訳機いらず	139
212	Google Keep になんでも保存	140
213	Google Play で音楽・動画・電子書籍を読む	141
214	Google ＋で楽しく交流	142
215	Google ハングアウトで楽しく無料通話	143
216	Google 日本語入力で快適入力	144
217	Google Cardboard で VR 体験	144

ご注意：ご購入・ご利用の前に必ずお読みください

●本書に記載した内容は、情報の提供のみを目的としています。したがって、本書を用いた運用は、必ずお客様自身の責任と判断によって行ってください。これらの情報の運用の結果について、技術評論社および著者はいかなる責任も負いません。

●ソフトウェアやサービスに関する記述は、特に断りのない限り、2018年7月現在での最新バージョンをもとにしています。ソフトウェアやサービスはバージョンアップされる場合があり、本書での説明とは機能内容や画面図などが異なってしまうこともあり得ます。あらかじめご了承ください。

●本書は、以下の環境での動作を検証しています。
OS：Windows 10 Home、Microsoft Edge（第9章のみGoogle Chrome）、
　　iPhone 8（iOS 11.3.1）、Xperia XZ1 Compact（Android 8.0.0）

●インターネットの情報については、URLや画面などが変更されている可能性があります。ご注意ください。

以上の注意事項をご承諾いただいたうえで、本書をご利用願います。これらの注意事項をお読みいただかずに、お問い合わせいただいても、技術評論社は対処しかねます。あらかじめ、ご承知おきください。

■本書に掲載した会社名、プログラム名、システム名などは、米国およびその他の国における登録商標または商標です。本文中では、™、®マークは明記していません。

Google Service

Chapter 1

Googleサービスの基本を知ろう

Googleは検索サービスのほかにも、メールやオンラインストレージなど、便利で機能的なサービスを多数提供しています。Googleアカウントを取得すると、より便利にサービスを利用することができます。

001 Googleのサービスを確認しよう

Googleは、検索サービスをはじめ、GmailやGoogleマップなどのインターネット関連のコンテンツを数多く提供しています。Googleアカウントを作成すれば、ほぼすべてのサービスを無料で利用することができ、サービス間でデータを連携することも可能です。
ここでは、Googleサービスの一例を紹介します。Google公式サイト（https://www.google.co.jp/intl/ja/about/products/）でもサービスの一覧を見ることができます。

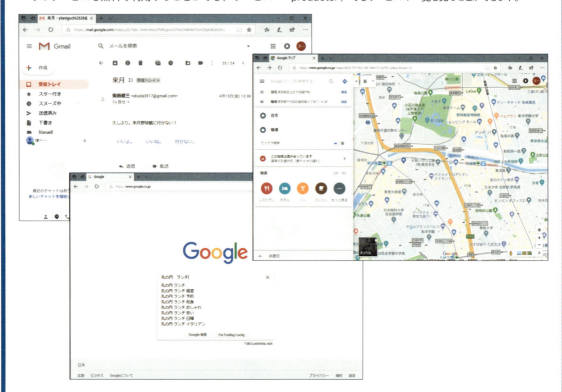

種類	アイコン	名称	サービス概要
検索		Google 検索	Googleの検索エンジンでWebページや画像を検索できます。
		Google マップ	地図や周辺情報の検索・閲覧や、経路の検索ができます。
娯楽		YouTube	世界最大の動画共有サービスです。
交流		Gmail	Googleが提供するメールサービスです。
		Google ハングアウト	チャットや音声通話・ビデオ通話などをすることができます。
管理		Google カレンダー	Googleが提供するスケジュール管理サービスです。
		Google フォト	写真・動画専用のオンラインストレージサービスです。
仕事		Google ドライブ	ファイルを保存・編集できるオンラインストレージサービスです。
		Google ドキュメント	Webブラウザ上で文書を作成できます。
		Google スプレッドシート	Webブラウザ上でスプレッドシートを作成できます。

001で紹介したサービスのほかにも、WebブラウザのGoogle Chrome（第9章参照）や翻訳サービスのGoogle 翻訳（P.139参照）など、Googleはさまざまなサービスを提供しています。

002 Googleの画面構成を確認しよう

P.012で紹介したGoogleサービスは、Google検索トップページからメニューを開いて利用することができます。Webブラウザで「https://www.google.co.jp/」を開き、Google検索トップページを表示してみましょう。
ここでは、Google検索トップページの画面構成を説明します。Googleアカウントでログインする前と、ログインしたあとでは、画面右上の表示が異なります。なお、Googleアカウントの作成方法はP.014で、ログイン方法はP.015の004、Google検索の方法はP.022で説明します。

●ログイン前の画面

検索ボックス
キーワードを入力すると検索できます

Gmail
Gmailへアクセスできます

画像
Google画像検索へアクセスできます

Googleアプリ
クリックすると画面のようにGoogleサービスの一覧が表示されます

ログイン
Googleアカウントへログインできます

Google検索
検索ボックスにキーワードを入力し、クリックすると、検索結果画面を表示します

I'm Feeling Lucky
検索ボックスにキーワードを入力し、クリックすると、検索結果のトップのWebページを直接表示します

設定
検索設定、検索オプションなどを利用できます

●ログイン後の画面

Googleアカウント
ログイン中のアカウントのアイコンが表示されます

Googleのお知らせ
Googleからの通知が表示されます

Google検索トップページでは、画面中央にGoogleのロゴが表示されていますが、ときどき「ホリデーロゴ」が表示されることがあります。ホリデーロゴとは、世界中の行事や祭日、偉人の誕生日などの特別な日に掲載されるものです。ロゴをクリックすると、その日の詳しい情報やその日に関連したゲームなどの操作可能なコンテンツが表示されます。

003 Googleアカウントを作成しよう

Googleのサービスをより活用するために、Googleアカウントを作成しましょう。Googleアカウントを作ることで、Gmailのメールアドレスが作成され、Googleカレンダー、Googleドライブ、Googleフォトなどのサービスを利用できます。なお、Googleアカウントの作成は無料です。

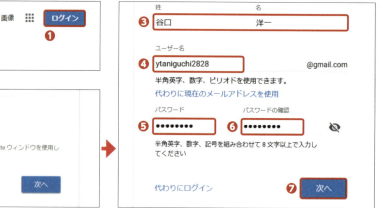

P.013の002を参考にGoogle検索トップページを表示し、＜ログイン＞❶→＜アカウントを作成＞の順にクリックします❷。

姓名❸、Gmailアドレスとして使いたいユーザー名❹、設定したいパスワードを入力し❺、手順❺のパスワードを再度入力し❻、＜次へ＞をクリックします❼。

自分のスマートフォンの電話番号を入力し❽、＜次へ＞をクリックすると❾、電話番号へ確認コードが記載されたSMSが送信されます。

確認コードを入力し❿、＜確認＞をクリックします⓫。＜代わりに音声通話を使用＞をクリックすると、Googleから電話がかかってきて、音声で確認コードを知らせてくれます。

パスワードを忘れてしまったときのための再設定用のメールアドレスと⓬、生年月日を入力し⓭、性別をプルダウンから選択し⓮、＜次へ＞をクリックします⓯。

プライバシーと利用規約を確認します。下までスクロールし、＜同意します＞をクリックします⓰。

Googleアカウントのパスワードは、アカウント作成後にいつでも変更することができます。Google検索トップページ右上の❶→＜アカウント＞→＜Googleへのログイン＞→＜パスワード＞の順にクリックし、現在のパスワードを入力し、新しいパスワードを2回入力し、＜パスワードを変更＞をクリックすることで、パスワードが変更されます。なお、ユーザー名（Gmailアドレス）は変更することができません。

004 Googleにログインしよう

Google アカウントには、Gmail アドレスとパスワードを入力することでログインすることができます。Gmail アドレスとは、「アカウント登録時に入力したユーザー名＋ @gmail.com」のことです。なお、一度ログインをしたアカウントは、あらためてログイン時に入力しなくても選択できるようになるため、下記手順❶の画面のあと、手順❹の画面が表示されるようになります。

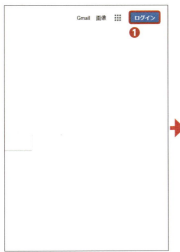

P.013 の 002 を参考に Google 検索トップページを表示し、＜ログイン＞をクリックします❶。

Google アカウントのメールアドレスを入力し❷、＜次へ＞をクリックします❸。

パスワードを入力し❹、＜次へ＞をクリックします❺。

005 Googleをお気に入りに登録しよう

Google 検索トップページを Web ブラウザのお気に入りに登録しておくと、すぐにアクセスできるようになります。お気に入りとは、頻繁に利用する Web サイトの URL を Web ブラウザに登録する機能のことです。

Microsoft Edge の場合、☆→＜追加＞の順にクリックすると、☆が★に変わります。★は、その Web ページがお気に入りに登録されていることを示します。また、☰をクリックすると、お気に入りに登録した Web ページを確認できます。この方法で Google 検索トップページをお気に入りに登録し、すばやくアクセスできるようにしておきましょう。

P.013 の 002 を参考に Google 検索トップページを表示し、☆❶→＜追加＞の順にクリックします❷。

☰をクリックします❸。

お気に入りに登録した Web ページが表示されます。＜Google＞をクリックすると❹、Google 検索トップページが表示されます。

> Google アカウントのパスワードを忘れてしまった場合、004 手順❹の画面で＜パスワードをお忘れの場合＞→＜別の方法を試す＞の順にクリックすると、Google アカウントを使用しているスマートフォンへ通知が届きます。スマートフォンで通知を開き、＜はい＞をタップすると、パスワードを再設定することができます。また、登録している電話番号や再設定用のメールアドレスで確認コードを受信し、パソコン上で入力することで、パスワードを再設定することもできます。

006 Googleのサービスを使おう

Gooigleのサービスは、Google検索トップページからアクセスすることができます。Google検索トップページ右上の⋮⋮⋮をクリックすると、サービスの一覧がアイコンで表示されるので、利用したいサービスのアイコンをクリックします。

P.013の002を参考にGoogle検索トップページを表示し、⋮⋮⋮をクリックすると❶、サービスが表示されます。アイコンをクリックすると、各サービスへアクセスできます。<もっと見る>をクリックします❷。

さらに複数のサービスが表示されます。<さらにもっと>をクリックします❸。

最新のサービスや、すべてのGoogleサービスを確認できます。利用したいサービスをクリックしてアクセスしましょう。

> Googleアカウントのアイコンを変更するには、Google検索トップページ右上の●→<変更>の順にクリックし、アイコンにしたい画像をアップロードします。なお、初期状態では自分の名前がアイコンになっています。

007 Androidスマートフォンで Googleアカウントを登録しよう

作成した Google アカウントは、スマートフォンや別のパソコンでも利用することができます。スマートフォンに Google アカウントを登録しておけば、データが一括して同期されるようになり、いつでもどこでも Google サービスが利用できるようになります。ここでは、Android スマートフォンに Google アカウントを登録する方法を説明します。なお、詳細な手順はスマートフォンの機種によって異なる場合があります。

ホーム画面やアプリ一覧で＜設定＞をタップします❶。

画面を上方向にスクロールし、＜ユーザーとアカウント＞をタップします❷。

＜アカウントを追加＞をタップします❸。

画面を上方向にスクロールし、＜Google＞をタップします❹。

Google アカウントのメールアドレスを入力し❺、＜次へ＞をタップします❻。

パスワードを入力し❼、＜次へ＞をタップします❽。

利用規約とプライバシーポリシーを確認し、＜同意する＞をタップします❾。

＜もっと見る＞をタップします❿。

＜同意する＞をタップします⓫。

スマートフォンでパソコンと同じ Google アカウント利用すると、Google サービスのデータが自動的に同期されるため、メールや連絡先、カレンダーなどのデータを常に最新の状態で使用することができます。Google サービスを活用するためには、同じ Google アカウントの利用をおすすめします。

008 iPhoneでGoogleアカウントを登録しよう

Androidスマートフォンと同様、iPhoneにもGoogleアカウントを登録することができます。Androidスマートフォンとは異なり、Googleアカウントのデータを一括同期することはできませんが、iPhoneの「メール」アプリや「連絡先」アプリ、「カレンダー」アプリや「メモ」アプリとGoogleアカウントを同期することが可能です。

ホーム画面で＜設定＞をタップします❶。

画面を上方向にスクロールして、＜アカウントとパスワード＞をタップします❷。

＜アカウントを追加＞をタップします❸。

＜Google＞をタップします❹。

Googleアカウントのメールアドレスを入力し❺、＜次へ＞をタップします❻。

パスワードを入力し❼、＜次へ＞をタップします❽。

同期するアプリの　をタップして　にし❾、＜保存＞をタップします❿。

Googleアカウントの登録が完了します。＜Gmail＞をタップします⓫。

同期するアプリの設定や、アカウントの確認／削除を行うことができます。

何らかの理由で、パソコンとは別のGoogleアカウントをスマートフォンに設定したい場合もあるでしょう。そのような場合は、スマートフォンで新規のアカウントを作成して利用することも可能です。新規のアカウントを作成する場合は、iPhoneとAndroidスマートフォン共に008手順❺の画面で＜アカウントを作成＞をタップし、画面の指示に従って作成します。

009 スマートフォンでGoogleのサービスを使おう

Googleサービスには、スマートフォン専用の便利な機能があります。たとえば、スマートフォンの「Googleフォト」アプリには、スマートフォンで撮影した写真を自動でバックアップする機能があります（P.113参照）。また、バックアップ済みの写真を削除し、スマートフォンの空き容量を増やす機能もあります（P.114の170参照）。ここでは、スマートフォンからGoogleサービスを利用する方法を紹介します。なお、アプリのインストール方法はP.020を参照してください。

●WebブラウザでGoogleサービスを使う

Webブラウザで「https://www.google.co.jp/」を開き❶、 ❷→任意のサービスの順にタップします❸。

各サービスのWebページが表示されます。アプリをインストールしている場合、アプリが起動することがあります。ここでは をタップします❹。

メニューが表示され、各機能にアクセスできます。同じサービスでも、アプリ版と画面や機能が異なることがあります。

●アプリでGoogleサービスを使う

ホーム画面やアプリ一覧で任意のアプリをタップします❶。

アプリが起動します。ここでは をタップします❷。

メニューが表示され、各機能にアクセスできます。同じサービスでも、Webブラウザ版と画面や機能が異なることがあります。

スマートフォンの場合、GoogleサービスはWebブラウザからも利用することができますが、一般的にはアプリを利用します。また、AndroidスマートフォンとiPhoneとでは、アプリの操作や機能が一部異なる場合があります。本書では、とくにことわりのない限り、アプリでの利用方法を紹介します。

010 AndroidスマートフォンでGoogleのアプリをインストールしよう

Androidスマートフォンには、あらかじめGoogleのアプリが複数インストールされています。さらにアプリをインストールしたいときは、「Google Play」（Play ストア）でアプリを探してインストールすることができます。インストールは無料ですが、別途データ通信料が発生します。

ホーム画面やアプリ一覧で＜Playストア＞をタップします❶。

検索ボックスにGoogleサービス名を入力し❷、🔍をタップします❸。

検索結果が表示されます。インストールしたいアプリの＜インストール＞をタップします❹。

011 iPhoneでGoogleのアプリをインストールしよう

iPhoneでは、Googleのアプリがプリインストールされていないため、必要に応じて「App Store」でアプリを探してインストールする必要があります。インストールは無料ですが、別途データ通信料が発生します。

ホーム画面で＜App Store＞をタップします❶。

＜検索＞をタップします❷。

検索ボックスにGoogleサービス名を入力し❸、＜検索＞をタップします。

検索結果が表示されます。インストールしたいアプリの＜入手＞をタップします❹。

＜インストール＞をタップします❺。

Apple IDのパスワードを入力し❻、＜サインイン＞をタップします❼。

 Androidスマートフォンの場合、あらかじめインストールされているGoogleサービスのアプリは、ホーム画面の「Google」フォルダにあります。フォルダをタップすることで、Googleサービスのアプリの一覧が表示されます。なお、iPhoneの場合は、あらかじめインストールされているGoogleサービスのアプリはありません。

Google Search

Chapter 2

Google 検索を使いこなそう

Google 検索を使えば、知らない言葉や思い出せないことから、ニュースや画像、英単語の翻訳まで、なんでも調べられます。スマートフォンでは、音声ですばやく検索することもできます。

012 Google検索の基本と検索結果画面の見方を知ろう

Google 検索は、日本でも多くの人が利用する検索エンジンの1つです。検索ボックスにキーワードを入力するだけで、たくさんの情報へアクセスすることができます。単純な検索のほかにも、細かな検索条件を指定して検索したり、ニュース記事だけを検索したりすることができます。ここでは、Google 検索での基本的な検索方法と、検索結果画面の見方を説明します。基本的には、検索ボックスにキーワードを入力して検索を実行し、検索結果画面から Web ページへのリンクをクリックするという流れで操作します。

Web ブラウザで「https://www.google.co.jp/」を開き、画面中央の検索ボックスをクリックします。検索したいキーワード(ここでは「富士山」)を入力し❶、＜Google 検索＞をクリックします❷。

検索結果画面に移動し、キーワードを含む Web ページの検索結果が一覧で表示されるので、見たいページをクリックします❸。なお、検索結果画面から検索することもでき、その場合は検索ボックスにキーワードを入力して、🔍 をクリックします。

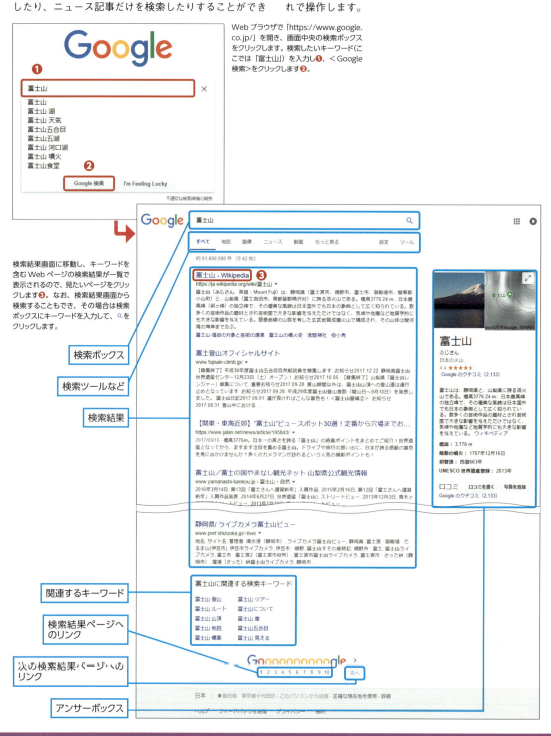

Google 検索では、検索結果一覧の上部ないし右側に広告が表示されることがあります。通常の検索結果と似た表示形式ですが、URL の左側に「広告」というアイコンが付いており、通常の検索結果と区別できます。なお、広告をクリックすると、広告主のショッピングサイトなどが表示されます。

013 複数のキーワードで効率よく検索しよう

検索をする際、キーワードを複数入力することで、検索結果を絞り込むことができます。

まず、検索ボックスに複数のキーワードを入力しますが、このとき各キーワード間にスペースを入力してください。たとえば、「富士山 三保の松原」、「岐阜 長良川 花火」などと入力します。そのうえで検索を実行すると、すべてのキーワードに関連する検索結果が表示されます。この検索方法を「AND検索」といいます。

検索ボックスに「○○ △△」と入力し❶、＜Google検索＞をクリックすると❷、○○と△△の両方に関連するWebページが検索できます。

014 最近の検索結果だけ表示されるようにしよう

Web上には膨大な数の情報が登録されており、その中には古いものも含まれています。そのためGoogle検索では、最近作成／更新されたWebページだけが表示されるように設定することができます。

検索結果画面で＜ツール＞→＜期間指定なし＞→任意の期間（ここでは＜1年以内＞）の順にクリックすると、その期間内に作成／更新されたWebページのみ表示されるようになります。

＜ツール＞をクリックすると❶、検索ツールが表示されます。＜期間指定なし＞をクリックし❷、任意の期間をクリックすると❸、選択した期間で絞り込めます。

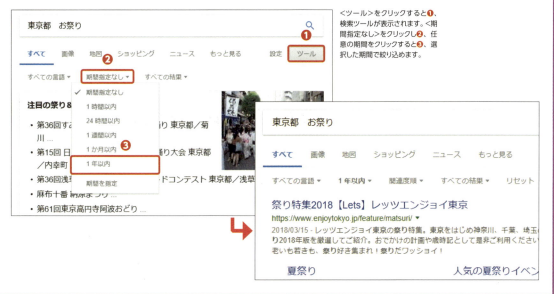

014では期間指定の設定を説明しました。ほかにも、＜すべての言語＞をクリックすると検索対象のページを日本語のみに変更することができます。また、期間指定後に＜関連度順＞をクリックすると並び順を日付順に変えられ、＜すべての結果＞をクリックするとキーワードと完全一致する検索結果を指定することができます。

015 知らない言葉の意味を検索しよう

知らない言葉の意味を知りたいときは、「とは」を付けて検索します。
検索ボックスに、調べたい言葉（ここでは「ストーンヘンジ」）に続けて「とは」と入力して検索することで、その言葉の意味を調べることができます。ほかにも「？」「何」など疑問を表す語句や、「意味」「定義」といった語句を付けることでも、意味を説明するWebページを探すことができます。

キーワードに続けて「とは」と入力し❶、をクリックします❷。

016 パソコンのトラブルの解決方法を検索しよう

パソコンやスマートフォンが何らかのトラブルを起こしたときも、Google検索を利用しましょう。
表示されたエラーメッセージを検索ボックスへそのまま入力して検索します。エラーメッセージのあとにスペースをはさみ、使用しているパソコンの機種やOSを入力すると、より的確な解決方法を探すことができます。パソコンだけでなく家電に表示されたエラーコードなども同様に検索できます。

エラーメッセージを入力して❶、をクリックします❷。

017 海外のWebページを日本語で翻訳表示しよう

外国語で書かれたWebページには、URLの横に＜このページを訳す＞というリンクが表示されることがあります。これをクリックすると、自動で日本語に翻訳された状態でWebページが表示されます。対応言語は100種類以上あり、さまざまな言語のWebページを楽しむことができます。

＜このページを訳す＞をクリックします❶。

翻訳されたWebページ上部の「翻訳する言語」のプルダウンメニューをクリックして選択することで❷、訳す言語を選ぶことが可能です。

Google検索では「セーフサーチフィルタ」機能を利用し、露骨な表現を含む画像や動画、Webページをブロックできます。Google検索トップページ右下で＜設定＞→＜検索設定＞→＜セーフサーチをオンにする＞→＜保存＞の順にクリックすることで設定できます。

018 あいまいな言葉を検索しよう

検索したい言葉の一部を忘れてしまった場合でも、検索することが可能です。わからない部分を「*」（アスタリスク）で補うことで、わからない部分を補完して検索できます。この検索方法を「ワイルドカード検索」といいます。

また、英語のスペルがあいまいで間違えてしまった場合は、間違いを修正して検索結果を表示してくれます。日本語でも、同様に間違いを修正して検索してくれる場合があります。

●あいまいな言葉を検索

「* を集めて早し *」と検索すると❶、「五月雨を集めて早し最上川」が表示されます。

●間違った英語のスペルで検索

英語の場合、間違ったスペルで検索すると❶、正しいスペルに修正して検索されます。

019 ニュースを検索しよう

Google 検索では、Web 上に掲載されたニュース記事のみを検索して表示することができます。ここでは、利用方法を2つ紹介します。1つは、通常の検索と同じようにキーワード検索をし、検索ボックス下の＜ニュース＞をクリックする方法です。もう1つは、Google 検索トップページで ⁝⁝⁝ →＜ニュース＞の順にクリックする方法です。Google ニュースのトップページが開き、トピック別にニュースを検索することができます。

●検索ボックスから検索

＜ニュース＞をクリックすると❶、キーワードが含まれるニュース記事が表示されます。

●Googleニュースで検索

Google 検索トップページで ⁝⁝⁝ をクリックし❶、＜ニュース＞をクリックすると❷、Google ニュースのトップページが表示されます。

> 検索結果画面に表示される検索結果の件数は、初期設定ではページあたり10件に設定されています。設定を変更するには、Google 検索トップページ右下で＜設定＞→＜検索設定＞の順にクリックし、＜ページあたりの表示件数＞を左右にドラッグして件数を変更し、＜保存＞をクリックします。

020 検索演算子を使いこなそう

検索演算子とは、検索の精度を高めるための記号です。検索演算子を覚えると、検索ボックスから効率よく検索することができます。P.025の018の「ワイルカード検索」で使用した「*」(アスタリスク)も検索演算子の一種です。ここでは、いくつかある検索演算子の中から一部を紹介します。

	検索演算子名	使い方	例
1	AND	複数のキーワードを含むWebページを表示する「AND検索」ができます。P.023の013のように、「AND」はスペースで代用可能です。	鶏 AND レシピ
2	"(ダブルクォーテーション)	キーワードと完全一致したWebページのみ検索する「フレーズ検索」ができます。キーワードの前後に「"」を付けます。	"きょうの料理"
3	OR	「OR」前後のいずれかのキーワードを含むWebページを表示する「OR検索」ができます。	むね肉 OR ささみ
4	-(ハイフン)	キーワードの冒頭に「-」を付けることで、そのキーワードを含まないWebページを表示します。	レシピ -ピーマン
5	..(ドット)	「.」を2つ使用し「○○ (数値)(単位)..(数値)(単位)」と入力することで、数値の範囲内で検索することができます。	圧力鍋 1500円..5000円
6	intitle:	「intitle: ○○」と入力することで、Webページタイトルのみに限定して検索することができます。	intitle: 節約レシピ
7	intext:	「intext: ○○」と入力することで、Webページ本文のみに限定して検索することができます。	intext: 糖質制限
8	filetype:	「○○ filetype:pdf」と入力することで、PDFファイルのみ検索することができます。	献立 filetype:pdf

021 条件を細かく指定して検索しよう

020の検索演算子を使うのは難しいという場合は、「検索オプション」を利用して詳細検索をしましょう。検索オプションでは、キーワードを入力したり条件を選択したりすることで、複数の条件をまとめて指定して検索することができます。Google検索トップページ右下で＜設定＞→＜検索オプション＞の順にクリックすると利用することができます。

検索オプションや絞り込み条件を指定し❶、＜詳細検索＞をクリックします❷。

検索時の操作に関連する設定 (選択したURLを新規ウィンドウで開く設定、音声検索時の音声回答設定や、検索するWebページの地域設定など) は、Google検索トップページ右下で＜設定＞→＜検索設定＞の順にクリックすることで行えます。

022 資料作成で使える画像やイラストを検索しよう

画像検索は「Google 画像検索」を使って行います。P.022を参考に検索結果画面を表示し、検索ボックス下の＜画像＞をクリックすると、画像のみが一覧で表示されます。ただし、この状態では勝手に使用してはいけない画像も混在しているため、ライセンスのフィルタリングを行う必要があります。＜ツール＞→＜ライセンス＞→任意の条件（ここでは＜再使用が許可された画像＞）の順にクリックすることで、再使用が許可された画像のみ表示されます。画像をクリックすると、右クリックして画像を保存したり、その画像のサイトに移動したりすることができます。

＜画像＞❶→＜ツール＞❷→＜ライセンス＞❸→任意の条件の順にクリックします❹。

再使用が許可された画像のみ表示されるのでクリックします❺。

023 自分の持っている画像の情報を検索しよう

Google 画像検索では、自分が持っている画像の被写体や類似画像を検索することができます。Google 検索トップページ右上の＜画像＞をクリックし、「Google 画像検索」のトップページを表示します。次に、→＜画像のアップロード＞→＜参照＞（もしくは＜ファイルを選択＞）の順にクリックし、画像をアップロードします。

Google 検索トップページで＜画像＞をクリックすると❶、Google 画像検索トップページが表示されます。

をクリックし❷、＜画像のアップロード＞→＜ファイルを選択＞の順にクリックして画像をアップロードすると、検索されます。

022では画像のライセンスを指定して検索しています。そのほか、＜サイズ＞や＜色＞、被写体の＜種類＞などをクリックすることで、指定した条件に合う画像だけが検索されます。＜種類＞では、写真やクリップアート、線画などに絞って表示することができます。また、画像一覧の上に表示されるキーワードをクリックすることで、対象を絞り込むこともできます。

024 エラーで見られないWebページを表示しよう

Webページが何らかのエラーで閲覧できない場合は、キャッシュを用いて表示することができます。キャッシュとは、Googleが最後にアクセスしたときに取得したWebページのデータのことです。なお、Googleが定期的に行う巡回の際に取得したキャッシュを用いて表示するため、最新の情報ではない可能性があります。

検索結果画面で、開きたいWebページのURL横の▼❶→＜キャッシュ＞の順にクリックします❷。

Webページが表示されます。キャッシュの取得日時はページ上部に記載されます。

025 旅行先の天気予報を検索しよう

旅行先の天気を知りたいときは、「(地名) 天気」と検索することで調べることができます。アンサーボックスに現在の天気や気温、降水確率、湿度、風速のほか、1週間の天気予報が表示されます。

「(地名) 天気」と入力し❶、🔍をクリックすると❷、現在の天気や天気予報を調べることができます。

026 宅配便の配送状況を調べよう

宅配便の配送状況を確認したいときも、Google検索を活用しましょう。注文時に発行される問い合わせ番号を検索するだけで、各宅配便業者の荷物問い合わせシステムを調べることができます。

問い合わせ番号を入力して検索すると❶、各社の荷物問い合わせシステムが表示されます。任意のリンクをクリックします❷。

宅配便の配送状況を確認することができます。

天気予報や宅配便の検索以外にも、「〇〇駅 △△駅 電車」と検索することで、電車の乗り換えを調べることができます。また、「為替 ドル」などと検索すると、為替レートを調べることができます。

027 郵便番号を検索しよう

住所はわかるものの、郵便番号がわからない場合は、「(住所) 郵便番号」と検索して調べます。正しい郵便番号を検索するために、できるだけ正確な住所を入力しましょう。
反対に、郵便番号を入力して検索すると、該当する地域名を調べることもできます。

「(住所) 郵便番号」と入力し❶、🔍をクリックします❷。

028 計算結果や換算結果を調べよう

Google 検索を電卓のかわりにすることもできます。検索ボックスに計算式を入力して検索すると、答えが出力されます。検索結果画面に表示される電卓で計算することもできます。
また、「1 ヤードは何 m」のように検索すると、単位換算をすることもできます。長さだけでなく時間、温度、重量、速度、面積、体積、圧力、燃費、エネルギー、データ容量、データ通信速度、などさまざまな計算に対応しています。

計算式を入力して❶、🔍をクリックすると❷、答えと電卓が表示されます。

029 英単語の意味を調べよう

「(英単語) 和訳」や「(英単語) 意味」と入力して検索することで、英単語の意味を調べることができます。
また、Google 検索トップページで ⋮⋮⋮ →＜翻訳＞の順にクリックすると、Google 翻訳サービスを利用できます。Google 翻訳については、P.139 で紹介します。

「(英単語) 和訳」と入力し❶、🔍をクリックして検索すると❷、日本語訳が表示されます。

「Google トレンド」では、Google における最新急上昇ワードを視覚化されたデータで確認し、周囲で人気の話題をチェックすることができます。Google 検索トップページで「Google トレンド」と検索して、該当するリンクをクリックすることで利用できます。

030 検索履歴を表示しよう

検索履歴は、Google 検索トップページ右下で＜設定＞→＜履歴＞の順にクリックすることで表示できます。Google サービスの利用履歴はすべて記録されており、それらのデータは Google マイアクティビティで確認することができます。Google マイアクティビティでは、検索履歴閲覧のほか、履歴の検索、データの管理や編集が行えます。なお、このデータは本人のみが閲覧できるものです。

Google 検索トップページで＜設定＞❶→＜履歴＞の順にクリックします❷。

Google マイアクティビティが表示され、検索履歴が閲覧できます。

031 検索履歴を削除しよう

検索履歴は、Google マイアクティビティから削除することができます。削除には 3 種類の方法があり、個別に削除する方法、選択した履歴のみ削除する方法、削除する基準を指定して削除する方法があります。

●個別に削除　　　　●選択して削除　　　　●基準を指定して削除

個別に履歴を削除する場合、030 を参考に Google マイアクティビティを表示し、❶→＜削除＞❷→＜削除＞の順にクリックします❸。

選択した履歴のみ削除する場合、❶→＜選択＞の順にクリックし❷、削除したい履歴を選択し❸、❹→＜削除＞の順にクリックします。

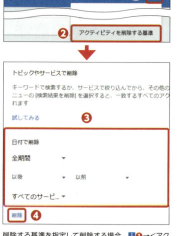

削除する基準を指定して削除する場合、❶→＜アクティビティを削除する基準＞の順にクリックし❷、基準を選択し❸、＜削除＞❹→＜削除＞の順にクリックします。

 Google アラートを利用すると、Google 検索で特定のトピックについて新しい検索結果が見つかったときに、メールが届くようにすることができます。Google 検索トップページで「Google アラート」と検索し、該当するリンクをクリックすることで利用できます。

032 Google検索の隠しコマンドとは?

Google 検索には、検索機能と関係のない隠しコマンドが多数あります。これらの隠しコマンドは「イースターエッグ」と呼ばれ、検索ボックスに特定のキーワードを入力して検索することでジョーク機能を楽しむことができます。ここでは、その一部を紹介します。

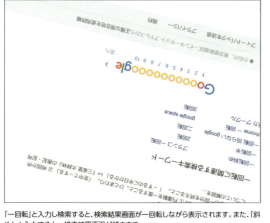

「一回転」と入力し検索すると、検索結果画面が一回転しながら表示されます。また、「斜め」と入力すると、検索結果画面が傾きます。

「人生、宇宙、すべての答え」と入力して❶をクリックすると❷、「42」という答えが出力されます。ダグラス・アダムズのSF作品『銀河ヒッチハイク・ガイド』のパロディです。

「solitaire」と入力して検索すると、ソリティアで遊ぶことができます。難易度を「簡単」「難しい」から選べます。

「三目並べ」と入力し検索すると、三目並べで遊ぶことができます。難易度を三段階から選べるほか、「友だちと対戦する」機能もあります。

「zerg rush」と入力し検索すると、できるだけ多くの「o」をクリックして消すゲームで遊ぶことができます。

「google binary」と入力し<I'm Feeling Lucky >をクリックすると、文字がすべて「0」と「1」のみになります。

「google gravity」と入力し<I'm Feeling Lucky >をクリックすると、画面全体が下へ崩れ落ちます。

「elgoog」と入力し<I'm Feeling Lucky >をクリックすると、画面が水平反転します。

 Google 検索トップページでキーワードを何も入力せずに< I'm Feeling Lucky >をクリックすると、Doodle アーカイブが表示されます。過去のホリデーロゴを閲覧したり、ゲーム機能付きホリデーロゴを楽しんだりすることができます。

033 スマートフォンでGoogle検索しよう

スマートフォンのWebブラウザを使って、パソコンと同様にGoogle検索が行えます。パソコンと同じGoogleアカウントでログインすることで検索履歴が同期されるので、スマートフォンでの検索時にパソコンで検索したキーワードが表示されます。また、「Safari」や「GoogleChrome」はGoogle検索トップページを開かなくても、アドレスバーに直接キーワードを入力することでGoogle検索が利用できます。

●Googleから検索する　●アドレスバーから検索する

Webブラウザで「https://www.google.co.jp/」を開きます。検索をするには、検索ボックスにキーワードを入力し❶、🔍をタップします❷。

「Safari」や「Google Chrome」などのアドレスバーに直接キーワードを入力し❶、＜実行＞をタップします❷。

Googleの検索結果画面が表示されます。

034 手書き入力で検索しよう

スマートフォンのタッチパネル画面を使い、手書きで文字を入力してみましょう。手書き入力をするには、＜検索設定＞において手書き入力の項目を＜有効にする＞にチェックして＜保存＞をタップする必要があります。手書き入力が有効になると、Google検索トップページや検索結果画面上のどこにでも、指で文字を書いて入力できるようになります。

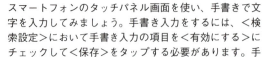

Google検索トップページ下部で＜設定＞❶→＜検索設定＞の順にタップします❷。「手書き入力」の「有効にする」を選択し❸、＜保存＞をタップします❹。

Google検索トップページの画面上に指でキーワードを書きます❶。

検索ボックスにキーワードが入力されるので、🔍をタップして検索を実行します❷。

 手書き入力は、日本語のほかに、英語、中国語（繁体、簡体）、ドイツ語など50以上の言語をサポートしています（2018年7月現在）。対応言語は「https://www.google.com/intl/ja/inputtools/help/languages.html」で確認することができます。

035 「Google」アプリで検索しよう

「Google」アプリを使っても、Webブラウザと同じように検索することができます。「Google」アプリは、トップ画面に天気や記事など自分の関心のあるトピックをカスタマイズして配置することができます。なお、「Google」アプリはAndroidスマートフォンにはプリインストールされていますが、iPhoneにはプリインストールされていないため、「App Store」から「Google」アプリをインストールする必要があります。

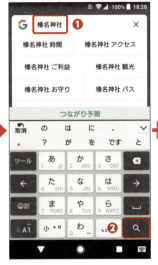

アプリ一覧画面で＜Google＞をタップして「Google」アプリを起動し❶、検索ボックスをタップします❷。

キーワードを入力し❶、🔍をタップします❷。

検索結果画面が表示されます。

036 音声で検索しよう

スマートフォンでは、音声を使ってキーワードを入力する音声検索を利用することができます。スマートフォンのマイクに話しかけるだけでキーボードの操作をする必要がないため、すばやく検索できて便利です。「Google」アプリやAndroidスマートフォンのホーム画面にあるGoogle検索ウィジェットのマイクアイコンをタップすると音声検索を行えます。

検索ボックス右側（ここでは「Google」アプリを使用）の🎤をタップします❶。

「認識しています...」と表示されたら、マイクに向かって話しかけます❷。

音声が認識され、検索結果が表示されます。

 036のようにスマートフォンで音声検索を行う場合、マイクの利用許可を求められる場合があります。＜はい＞や＜OK＞、＜許可＞などをタップすることで、マイクが利用できるようになります。また、位置情報に関する検索を行った場合、同様に位置情報の利用を求める画面が表示されることがあります。こちらも利用許可や必要な設定を行うことで、位置情報を利用した検索が利用できるようになります。

033

037 Googleアシスタントで何でも調べよう

Google アシスタントは、Androidスマートフォンや iPhone で利用できる音声アシスタント機能です。P.033 の 036 の音声検索とは異なり、AI を用いた会話形式の検索が特徴です。声で話しかけるだけで、電話をかけたり、アラームを設定したり、スケジュールを確認したりと、日常のあらゆる活動をサポートしてくれます。Google アシスタントが標準搭載されていない端末の場合、「Google Play」や「App Store」から「Google アシスタント」アプリをインストールする必要があります。

また、Google アシスタントにはさまざまなアプリが用意されており、画面右上の◎をタップすることで、「人気のアプリ」など便利な機能が表示されます。おすすめレシピを表示したり環境音を流したりといった便利なサービスが利用できるほか、Google アシスタントと会話やゲームを楽しむアプリなどもあります。画面をスクロールした下の方にある＜すべてのカテゴリ＞をタップすると、全アプリが見られるのでいろいろと楽しんでみるのもよいでしょう。

●Googleアシスタントを起動する

ホーム画面でホームボタン（ここでは◯）を長押しします❶。iPhone ではアプリを起動します。

Google アシスタントが起動します。マイクに向かって、用件を話しかけます❷。

音声が認識され、回答が表示されます。

●Googleアシスタントの豊富な機能

Google アシスタントはさまざまな機能があります。たとえば、「7 時にアラームを設定して」と話しかけることでアラームの設定を行えます（iPhone は未対応）。ほかにも、株価や電車の運行情報の検索、ちょっとした雑談やコイントスなども可能です。◎をタップして表示されるアプリによる便利なサービスも利用できます。

Google アシスタントでは、音声だけでなくキーボードでの会話も可能です。画面左下の◻をタップするとキーボードと文字入力欄が表示され、文字でのやり取りができます。

Gmail

Chapter 3

Gmailでメール環境を快適にしよう

Gmailは、オンラインで利用できるメールサービスです。メールの送受信はもちろん、ラベルでのメールの整理や自動転送、プロバイダーメールの利用など、さまざまな機能が使えます。

038 Gmailの基本と画面構成を知ろう

Gmailは、Googleが提供するメールサービスです。Googleアカウントを作成すると、自動的にGmailアカウントが作成されます。したがって、Googleアカウントを持っていれば、すぐにGmailを利用することができます。Gmailは、パソコンだけではなく、スマートフォンなど、多くの端末から利用可能です。また、15GBの保存容量を無料で利用でき、メール整理機能も豊富です。さらに、アカウント切り替えやGmail以外のアドレスを登録することもできるため、複数のメールアプリを使わなくても、Gmailのみでやり取りができます。
ここでは、WebブラウザでGmailへアクセスする方法と、Gmailの画面構成について説明します。

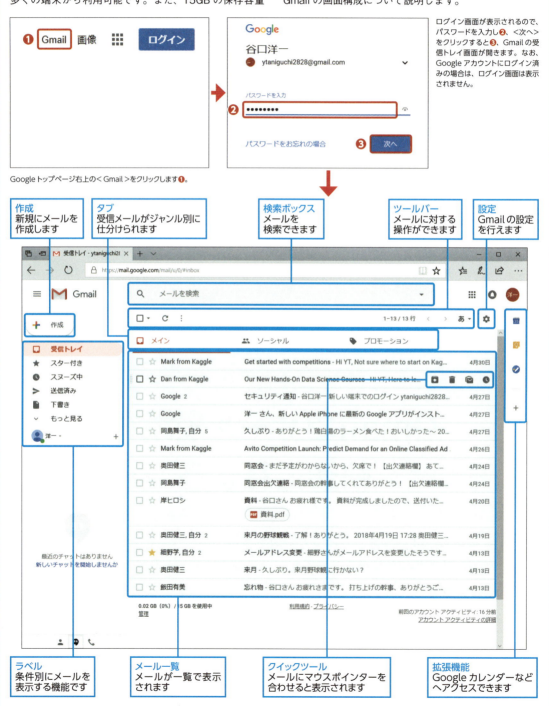

Gmailアドレスは、Googleアカウントを作成すると自動的に作成されます。自分のGmailアドレスは、「Googleアカウントのユーザー名+@gmail.com」になっています。なお、Gmailアドレスは変更することができません。

039 メールを受信／閲覧しよう

新着のメールがあった場合、メッセージ一覧上部に新しいスレッドが追加され「受信トレイ」というラベルの横に未読メールの数が表示されます。Gmail は、自動で定期的に情報を更新しメールを受信しますが、🔄をクリックすることで手動でメールを受信することもできます。ここでは、メールの受信と閲覧の方法を紹介します。

受信トレイ画面で🔄をクリックすると❶、メール一覧が更新されます。未開封のメールがあると、「受信トレイ」の横に未開封のメールの数が表示されます。閲覧するメールをクリックします❷。

メールの本文が表示されます。なお、←をクリックすると前の画面に戻ります。また、＜や＞をクリックすると、前後のメールを閲覧することができます。

040 メールを作成して送信しよう

新しくメールを作成したいときは、＜作成＞をクリックします。「新規メッセージ」ウィンドウが開き、メールを作成することができます。なお、ウィンドウの右上の■をクリックすると最小化され、■をクリックするとウィンドウが全画面で表示されます。■をクリックすると、メールの作成を中断し「下書き」に保存されます。

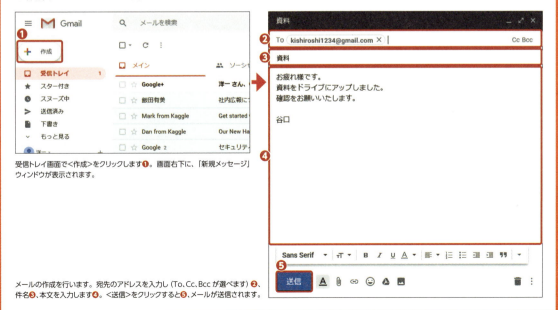

受信トレイ画面で＜作成＞をクリックします❶。画面右下に、「新規メッセージ」ウィンドウが表示されます。

メールの作成を行います。宛先のアドレスを入力し (To、Cc、Bcc が選べます)❷、件名❸、本文を入力します❹。＜送信＞をクリックすると❺、メールが送信されます。

> メールの形式には、HTML 形式とプレーンテキスト形式の 2 種類があります。＜作成＞をクリックして作成される新規メールは、通常 HTML 形式になっています。なお、両者の違いに関しては P.40 の 046 で紹介します。

037

041 メールをすばやく返信／転送しよう

Gmailでは、受信したメールにすばやく返信したり、転送したりすることができます。返信／転送したいメールを開き、本文下で＜返信＞または＜転送＞をクリックすると、返信／転送メールの作成画面が表示されます。ま た、メールの本文の下に＜了解しました＞のように短い通信文が3つ表示される場合があります。これは、メールの内容に応じて自動で表示され、クリックすると本文を入力せずにすばやく返信することができます。

P.037の039を参考に、任意のメールを開きます。本文下の＜返信＞または＜転送＞をクリックすると❶、返信／転送メールの作成画面が表示されます。

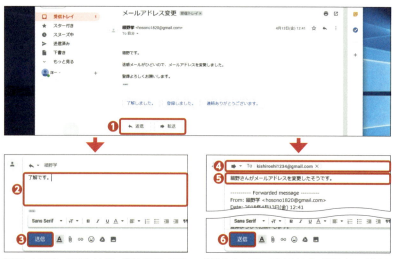

返信メールの場合、本文を入力し❷、＜送信＞をクリックすると❸、メールが送信されます。

転送メールの場合、宛先を入力し❹、必要に応じて本文を入力し❺、＜送信＞をクリックすると❻、メールが送信されます。

042 写真を送信しよう

Gmailでは、文書やPDF、写真などのファイルをメールに添付して送信することができます。なお、一度の送信で25MBまでのファイルを添付することができます。な お、「.cmd」「.com」「.exe」などの拡張子が付いたファイルは、ウィルスや不正なソフトウェアから利用者を保護するため添付できません。

P.037の040を参考に新規メッセージを作成し、🔗をクリックして❶、写真を添付します。

ファイルが添付されるので、宛先や件名、本文を入力して❷、＜送信＞をクリックします❸。

Googleフォトの写真をGmailで送信したい場合、Googleフォトで、写真を選択して をクリックすることで、写真へのリンクを記載したメールを作成することができます。

043 添付ファイルを保存しよう

受信したメールに添付されたファイルを保存するには、ファイルが添付されたメールを表示します。添付ファイルにカーソルを合わせ、⬇→「保存」の∧→＜名前を付けて保存＞の順にクリックします。ファイルの名前を入力し、保存したい場所を選んで保存することができます。なお、添付ファイルを閲覧するには、添付ファイルのアイコン以外の部分をクリックします。

P.37の039を参考に、任意のメールを開き、本文下の添付ファイルにマウスポインターを合わせ❶、⬇をクリックします❷。

「保存」の∧❸→＜名前を付けて保存＞の順にクリックし❹、画面の指示に従って保存します。

044 Googleドライブの大きなファイルを送信しよう

サイズが大きなファイル送りたい場合は、Googleドライブに保存して共有すると便利です。Googleドライブで、送信したいファイルの「リンクの共有をオン」にすることで、URLを知っている全員がファイルを閲覧できるようになります。URLをメールで送信し、ファイルを共有しましょう。Googleドライブについては、第6章で説明します。

Googleドライブで送信したいファイルをクリックし❶、⧉をクリックすると❷、送信したいファイルのURLがコピーされます。

P.037の040を参考に新規メッセージを作成し、宛先を入力し❸、本文記入欄で右クリックして、＜貼り付け＞をクリックすると、送信したいファイルのURLが貼り付けられます❹。＜送信＞をクリックしてメールを送信します❺。

メールに添付されたファイルをGoogleドライブに保存したい場合は、マウスポインターをファイルに合わせて⧉をクリックするだけで保存することができます。すぐにファイルを保存することができて便利です。

045 複数の宛先にメールを送ろう

複数の宛先にメールを送信する場合は、宛先を入力後 Enter キーを押し、それから次の宛先を入力することで複数の宛先を入力することができます。また、Enter キーのかわりに、宛先と宛先を「,」(カンマ) や「;」(セミコロン) で区切ることでも同様に複数の宛先を入力することができます。

P.037の040を参考に新規メッセージを作成します。最初の宛先を入力後、Enter キーを押すと❶、アドレスが区切られます。次の宛先を入力し❷、件名と本文を入力し❸、<送信>をクリックして送信します❹。

046 テキスト形式でメールを送ろう

作成するメールの形式には、HTML形式とプレーンテキスト形式の2種類があります。HTML形式のメールでは、太字や斜体などでメールを装飾することができます。プレーンテキスト形式では装飾することができず、シンプルな形式で記述されます。Gmailでは、新規メッセージを作成すると、自動的にHTML形式のメールになります。受信者がHTML形式に対応していないメールソフトを利用している場合、プレーンテキスト形式でメールを作成しましょう。

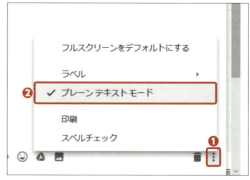

P.037の040を参考に新規メッセージを作成し、右下の︙をクリックし❶、<プレーンテキストモード>をクリックします❷。

047 署名を作成しよう

署名とは、メールの最下部に入力する送信者の連絡先情報のことです。ビジネスメールのやり取りでは、署名を付けることがマナーとなっています。署名を作成し設定しておくと、毎回署名を入力せずに済み、便利です。また、定型文を登録したり、署名以外の用途にも活用できます。署名の作成は、設定から行うことができます。

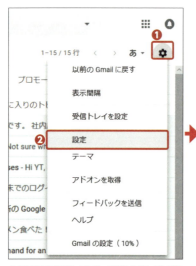 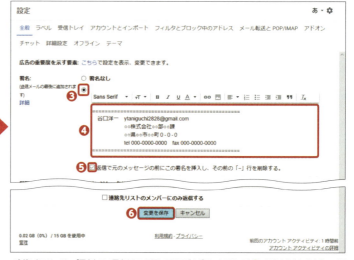

メイン画面で✿をクリックし❶、<設定>をクリックして❷、設定画面を開きます。

<全般>をクリックし、「署名」で<署名なし>の下にあるラジオボタンをクリックし❸、署名を入力します❹。<返信で元のメッセージの前にこの署名を挿入し、その前の「--」行を削除する。>のチェックボックスをクリックしてチェックを付け❺、<変更を保存>をクリックします❻。

 送信前の新規メッセージを作成している途中、誤ってWebブラウザを終了してしまっても、データが下書きとして保存されているため問題ありません。下書きは、メイン画面の左側で<下書き>をクリックすることで、閲覧や編集をすることができます。

048 メールを検索しよう

Gmailの検索機能を使いこなすことで効率よくメールを探すことができます。検索を行うには、検索ボックスに件名や本文の一部などのキーワードを入力し、🔍をクリックします。

検索ボックスに検索したいキーワードを入力し❶、🔍をクリックすると❷、キーワードを含むメールが検索され表示されます。

049 特定の送信者からのメールを検索しよう

特定の送信者からのメールだけ閲覧したい場合も、検索機能を使います。検索ボックスの右側にある▼をクリックすると、検索オプションが表示されます。「From」に送信者のアドレスを入力して検索することで、その送信者からのメールのみ表示されます。

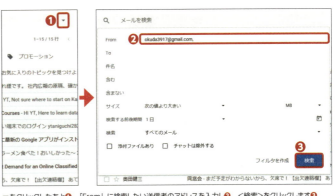

▼をクリックしたあと❶、「From」に検索したい送信者のアドレスを入力し❷、<検索>をクリックします❸。

050 詳細な条件でメールを検索しよう

049で紹介した検索オプションを使うと、より高度な検索を行えます。キーワード検索ではうまく検索できない際に利用しましょう。
検索対象にするラベル、送信者、宛先、件名のほか、添付ファイルの有無や、メールのサイズ、期間なども指定して検索を行うことができます。

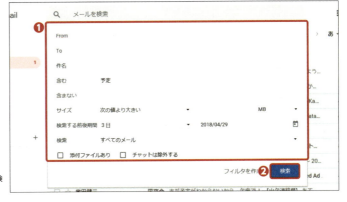

049を参考に検索オプションを開き、各項目を編集し❶、<検索>をクリックします❷。

メールに書かれている予定を、Googleカレンダーに登録することができます。メールを開き、画面上の︙→<予定を作成>の順にクリックすることで、Googleカレンダーの予定編集画面に移行し、予定の編集と登録を行うことができます。

051 タブに分類されたメールを確認しよう

Gmail は、受信メールを自動でジャンル別に分類し、タブに振り分ける機能があります。初期設定では「メイン」「ソーシャル」「プロモーション」の3つのタブが設定されています。「ソーシャル」には SNS やメディア共有サイトなどからのメール、「プロモーション」にはネットショップや企業などからの広告メール、「メイン」にはそれ以外のメールや個人的なやり取りなどが振り分けられます。また、タブを増やしたり減らしたりすることもできます。

まれに間違って振り分けられることがありますが、手動で正しいタブに振り分けることで Gmail が学習し、間違いを減らしていくしくみになっています。

●タブ内のメールを閲覧する

メイン画面で任意のタブをクリックすると❶、タブ内のメールを閲覧することができます。

●表示するタブを選択する

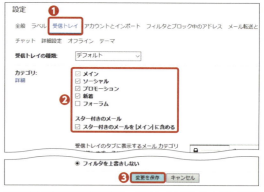

P.040 の 047 を参考に設定画面を開き、＜受信トレイ＞をクリックします❶。任意のカテゴリをクリックして選択し❷、＜変更を保存＞をクリックすると❸、選択したカテゴリのタブが受信トレイに表示されるようになります。

052 メールのやり取りをまとめないようにしよう

返信メールをやり取りすると、それらのメールが1つの「スレッド」としてまとまって表示されます。受信トレイが見やすくなる反面、目的のメールが埋もれて見つけにくくなることがあります。メールのやり取りをスレッドにまとめないようにするには、設定画面からスレッド表示をオフにする設定を行います。

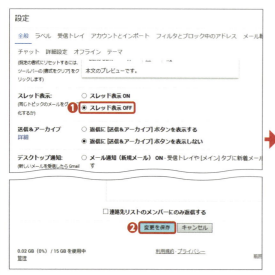

P.040 の 047 を参考に設定画面を開きます。「スレッド表示」の＜スレッド表示 OFF ＞をクリックして選択し❶、＜変更を保存＞をクリックします❷。

メイン画面に返信メールが表示されるようになります。

送信者名を変更するには、P.040 の 047 を参考に設定画面を開き、＜アカウントとインポート＞をクリックし、「名前」の右側にある＜情報を編集＞をクリックします。「メールアドレスの編集」画面で「名前」の下にあるラジオボタンをクリックして選択し、新しい送信者名を入力し、＜変更を保存＞をクリックすることで、設定が完了します。

053 英文メールを翻訳しよう

英語やそのほかの外国語で書かれたメールは、日本語に翻訳することができます。メールを表示し、件名の下に表示される「メッセージを翻訳」をクリックすると、翻訳することができます。

翻訳したいメールを開き、＜メッセージを翻訳＞をクリックします❶。

メールが日本語に翻訳されました。＜常に翻訳：英語＞をクリックすると❷、英語のメールが常に翻訳して表示されるようになります。

054 メールをアーカイブ／削除して整理しよう

受信トレイに多くのメールが溜まると、メールを探しづらくなってしまいます。メールをアーカイブしたり、削除したりして、定期的に受信トレイを整理しましょう。アーカイブとは、メールを受信トレイに表示しないようにする機能です。削除はしたくないけれど、用が済んで受信トレイに表示する必要がないメールを整理するために使用します。なお、アーカイブしたメールはメイン画面で＜その他のラベル＞→＜すべてのメール＞の順にクリックすることで閲覧できます。また、削除したメールは30日間ゴミ箱で保存されたのち、自動で削除されます。ゴミ箱は、メイン画面で＜その他のラベル＞→＜ゴミ箱＞の順にクリックすることで閲覧できます。

●アーカイブする

アーカイブする場合、アーカイブしたいメールのチェックボックスをクリックして選択し❶、をクリックします❷。

●削除する

削除する場合、削除したいメールのチェックボックスをクリックして選択し❶、をクリックします❷。

Gmailには、メールを整理する機能が豊富に用意されています。054で説明したアーカイブ機能のほかにも、P.044の055で紹介する「スター」機能や同ページの057の「重要マーク」機能、P.045で紹介する「ラベル」機能などがあります。

043

055 スターを付けてメールを整理しよう

大事なメールに目印を付けておきたい場合は、「スター」を付けて管理します。ラベルの一覧で＜スター付き＞をクリックすると、スターを付けたメールだけを表示することができるので、メールを探す手間を省くことができます。

 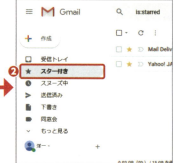

任意のメールの☆をクリックすると❶、★となり、スターが付きます。

＜スター付き＞をクリックすると❷、スターが付いたメールのみを表示できます。

056 スターの色を使い分けよう

初期設定では、スターの色は黄色のみです。スターの種類を増やしたいときは、設定から変更します。最大で12種類まで増やすことができます。

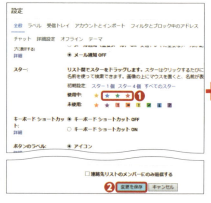 

P.040の047を参考に設定画面の＜全般＞を開きます。「スター」の「未使用」から任意のマークを「使用中」へドラッグし❶、＜変更を保存＞をクリックします❷。

☆をクリックするごとに❸、スターの種類が切り替わります。

057 重要マークを付けてメールを整理しよう

Gmailでは、メールの重要性を判断し、自動的に「重要マーク」を付ける機能があります。また、重要マークは手動で付けることも可能です。＜その他のラベル＞→＜重要＞の順にクリックすることで、重要マークが付いたメールのみ表示できます。

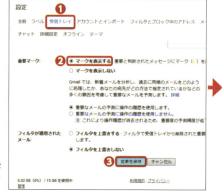

P.040の047を参考に設定画面を開きます。＜受信トレイ＞をクリックし❶、＜マークを表示する＞をクリックして選択します❷。＜変更を保存＞をクリックします❸。

▭をクリックすると❹、▭となり、重要マークが付きます。

エイリアス機能とは、1つのアカウントで複数のメールアドレスを作成し、使い分けることができる機能です。「ユーザー名＋○○@gmail.com」という形式のアドレスを、数の制限なく作ることができます。＜設定＞→＜アカウントとインポート＞→＜他のメールアドレスを追加＞の順にクリックし、画面の指示に従って設定します。なお、追加したメールアドレスはメインのアカウントと同じ画面で使用できます。

058 ラベルを作成しよう

Gmailの画面左側にある＜受信トレイ＞や＜スター付き＞などの項目を「ラベル」といいます。ラベルは、フォルダのようにメールを分類する役割を持つ機能です。ここでは、ラベルを新規作成する方法を説明します。

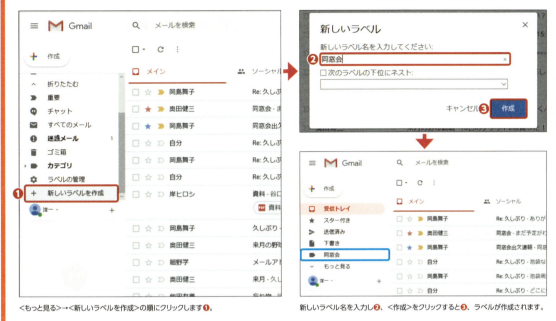

＜もっと見る＞→＜新しいラベルを作成＞の順にクリックします❶。

新しいラベル名を入力し❷、＜作成＞をクリックすると❸、ラベルが作成されます。

059 ラベルでメールを整理しよう

メールにラベルを付けることで、メールを分類し整理することができます。ここでは、手動でラベルを付ける方法を説明します。メールをラベルに自動で振り分けたい場合は、「フィルタ」を利用します。フィルタについては、P.046の061を参照してください。

任意のメールを選択したあと❶、■をクリックし❷、分類したいラベルをクリックして選択し❸、＜適用＞をクリックします❹。

ラベルが付き、件名の左横にラベル名が表示されます。

> Gmailのメール装飾機能は、文字サイズや文字の太さ、フォント、文字色や背景色の変更ができます。また、文章の配置を調節したり、段落番号を付けたりすることもできます。

060 重要なメールを優先的に表示しよう

Gmailの初期状態では、受信したメールは新着順に表示されますが、表示順を変更することができます。並び順を「重要なメールを先頭」にしておくと、重要マークが付いたメールを受信トレイの上部に表示することができます。それ以外にも、「未読メールを先頭」や「スター付きメールを先頭」、「優先トレイ」などといった並び順にすることができます。

＜受信トレイ＞にマウスポインターを合わせ、▼をクリックし、＜重要なメールを先頭＞をクリックします❶。

重要なメールが上段に、その他のメールが下段に表示されます。

061 フィルタでメールを振り分けよう

フィルタを設定しておくと、自動的にメールが振り分けられるようになります。たとえば、指定した条件のメールを自動でアーカイブしたり、削除したり、ラベルを付けたりすることが可能です。タブやラベルと併用して使用することで、メールを整理する手間を省くことができます。フィルタの設定は、検索オプション（P.041の050を参照）から行います。

P.041の050を参考に、検索オプションを表示します。件名や本文の一部などの任意の条件を設定し❶、＜フィルタを作成＞をクリックします❷。

「スターを付ける」「ラベルを付ける」などの処理方法を選択し❸、＜フィルタを作成＞をクリックします❹。

 英語で書いたメールを送信する前に、「スペルチェック機能」を利用しましょう。P.037の040を参考に新規メッセージを作成し、右下の︙→＜スペルチェック＞の順にクリックします。間違ったスペルの単語があると、その部分の背景色が黄色に変わります。

062 すべてのメールを自動転送しよう

Gmailで受信したメールは、別のメールアドレスへ自動転送することができます。自動転送の設定は、設定画面の「メール転送とPOP／IMAP」で行うことができま す。なお、特定のメールのみを自動転送する方法は、P.48の063で説明します。

P.040の047を参考に設定画面を開きます。＜メール転送とPOP／IMAP＞❶→＜転送先アドレスを追加＞の順にクリックします❷。

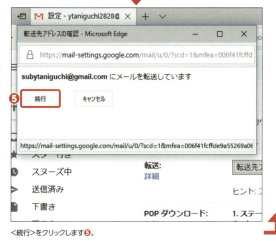

転送先アドレスを入力し❸、＜次へ＞をクリックします❹。

＜OK＞をクリックします❻。

転送先アドレスに送信された確認コードを入力し❼、＜確認＞をクリックします❽。

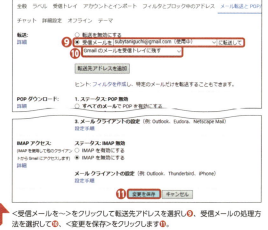

＜続行＞をクリックします❺。

＜受信メールを～＞をクリックして転送先アドレスを選択し❾、受信メールの処理方法を選択して❿、＜変更を保存＞をクリックします⓫。

> メールを受信したとき、デスクトップに通知が表示されるように設定することができます。P.040の047を参考に設定画面を開き、＜全般＞をクリックして「デスクトップ通知」で＜メール通知（新規メール）ON＞または＜メール通知（重要メール）ON＞をクリックして選択し、＜変更を保存＞をクリックします。

063 特定のメールを自動転送しよう

P.047の062では、すべてのメールを自動転送する方法を説明しました。ここでは、特定の条件に合致したメールを自動転送する方法を紹介します。自動転送の設定は、設定画面の「フィルタとブロック中のアドレス」で行うことができます。

P.040の047を参考に設定画面を開きます。＜フィルタとブロック中のアドレス＞❶→＜新しいフィルタを作成＞の順にクリックします❷。

転送するメールのメールアドレスなど任意の条件を設定し❸、＜フィルタを作成＞をクリックします❹。

＜転送先アドレスを追加＞をクリックします❻。

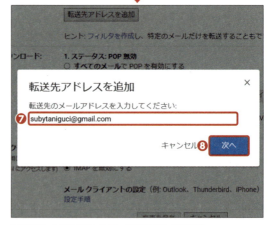

転送先のメールアドレスを入力し❼、＜次へ＞をクリックします❽。

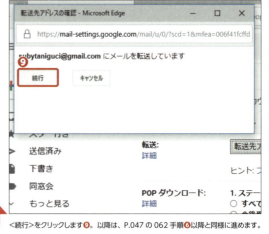

＜転送先アドレスを追加＞をクリックします❺。

＜続行＞をクリックします❾。以降は、P.047の062手順❻以降と同様に進めます。

> P.047の062やP0.48の063の方法でメールの転送を設定したあと、メールの転送をやめる場合は、P.040の047を参考に設定画面を開き、＜メール転送とPOP／IMAP＞をクリックし、＜転送を無効にする＞をクリックして＜変更を保存＞をクリックします。

064 メールの本文だけ印刷しよう

旅行の日程や会議の段取りのメールなど、紙として手元に置いておきたいものは、Gmailの印刷機能を使って印刷しましょう。メールを印刷するには、メールを開いた状態で🖨をクリックします。

印刷したいメールを開き、🖨をクリックします❶。

プリンターや印刷の向きなどを設定し❷、<印刷>をクリックします❸。

065 メールのタイトル一覧を印刷しよう

メールのタイトル一覧を印刷したいときは、Webブラウザの印刷機能を使用します。印刷したい画面を開いた状態で「設定など」の<印刷>をクリックして印刷します。

なお、Webブラウザの全画面を印刷したい場合は、印刷設定で印刷の向きや拡大／縮小などを調節する必要があります。

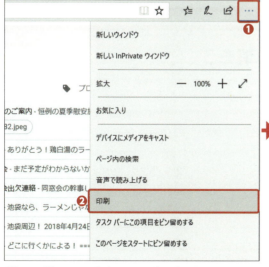

受信トレイや任意のラベルなどを表示し、Webブラウザの…→❶→<印刷>の順にクリックします❷。

プリンターや印刷の向きなどを設定し❸、<印刷>をクリックします❹。

 スレッド表示をオンにしている場合（P.042の052参照）、064の方法で印刷を行うとスレッド全体が印刷されます。1つのメールだけを印刷したい場合は、メールを表示して右上の︙→<印刷>の順にクリックします。

066 プロバイダーのメールをGmailで読もう

プロバイダーのメールアカウントを Gmail に追加することで、Gmail でプロバイダーのメールを扱うことができるようになります。メールアカウントが POP に対応している場合、メールの送受信が可能です。追加の設定を行う際、メールアカウントとそのパスワード、POP サーバーとそのポート、SMTP サーバーとそのポートを入力する必要があります。POP や SMTP については、プロバイダーの契約をした際の書類を確認してください。

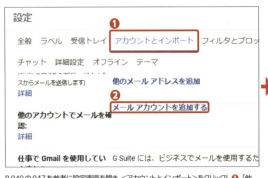

P.040 の 047 を参考に設定画面を開き、＜アカウントとインポート＞をクリックし❶、「他のアカウントでメールを確認」で＜メールアカウントを追加する＞をクリックします❷。

メールアドレスを入力し❸、＜次へ＞をクリックします❹。

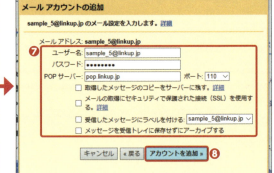

＜他のアカウントからメールを読み込む（POP3）＞のラジオボタンをクリックして選択し❺、＜次へ＞をクリックします❻。

メール設定を編集し❼、＜アカウントを追加＞をクリックします❽。以降は画面の指示に従って操作します。

067 誤って送信したメールを取り消そう

Gmail では、誤ってメールを送信してしまっても、指定した時間内であれば画面左下の＜取り消し＞をクリックすることで取り消すことができます。取り消しできる時間は、初期設定では 5 秒になっていますが、10 秒、20 秒、30 秒に設定することもできます。

P.040 の 047 を参考に設定画面を開きます。＜全般＞をクリックして「送信取り消し」の「取り消せる時間」を選択し❶、＜変更を保存＞をクリックします❷。

P.040 の 047 を参考に設定画面を開き、＜全般＞をクリックして「メール本文のプレビュー表示」で＜本文のプレビューなし＞をクリックして選択し、＜変更を保存＞をクリックすると、メールのタイトル一覧にメール本文の一部を表示する機能をオフにすることができます。

068 迷惑メールを管理しよう

Gmailには、自動で迷惑メールを判別し、「迷惑メール」へ振り分ける機能があります。しかし、迷惑メールが受信トレイに表示されることもあります。その場合は、手動で「迷惑メール」へ振り分ける必要があります。また、迷惑メールではないメールが「迷惑メール」へ振り分けられることもあります。その場合も、手動で対処する必要があります。「迷惑メール」内のメールは、受信後30日で自動的に削除されます。大事なメールが誤って「迷惑メール」に振り分けられていないか、定期的に確認しましょう。

●「迷惑メール」への振り分け

メールを「迷惑メール」へ振り分けるには、振り分けたいメールのチェックボックスをクリックして選択し❶、❷をクリックします❷。

●迷惑メールを受信トレイへ戻す

迷惑メールではないメールを受信トレイへ移動させるには、<もっと見る>→<迷惑メール>の順にクリックし❶、任意のメールのチェックボックスをクリックして選択し❷、<迷惑メールではない>をクリックします❸。

069 テーマを変更しよう

「テーマ」を変更し、Gmailの画面の色やデザインを変えてみましょう。テーマはGoogleのテンプレートや自分の持っている画像から選択し設定することができます。自分のGoogleフォトのアルバムの写真を利用する場合は、<マイフォト>から設定できます。

✿→<テーマ>の順にクリックします。好きなテーマをクリックして選択し❶、<保存>をクリックします❷。

070 ショートカットキーを使いこなそう

ショートカットキーを有効にするには、P.040の047を参考に設定画面を開き、<全般>をクリックして「キーボードショートカット」で<キーボードショートカットON>をクリックして選択し、<変更を保存>をクリックします。なお、設定画面で<詳細設定>→「カスタムキーボードショートカット」の<有効にする>の順にクリックすると、ショートカットキーをカスタマイズすることができます。

キー	操作
J / K	メールを移動します。
Shift + 3	メールを削除します。
E	メールをアーカイブにします。
O / Enter	メールを表示します。
R	表示しているメールに返信をします。
F	表示しているメールを転送します。
A	全員に返信します。
/	検索ボックスにカーソルを移動します。

069の「テーマの選択」画面でテーマをクリックすると、プレビューを見ることができます。上記のテンプレートのほかにも、高画質の写真なども豊富に用意されています。

071 パソコンのメールソフトでGmailを使おう

パソコンのメールソフトに Google アカウントを追加することで、Gmail を使うことができるようになります。ここでは、Windows の「メール」アプリでの設定方法を説明します。すでにほかのメールアドレスでメールソフトを使用している場合は、＜アカウント＞→＜アカウントの追加＞→＜ Google ＞の順にクリックし、下記と同様の手順で設定を行います。

「メール」アプリを起動し、＜ Google ＞をクリックします❶。

メールアドレスを入力し❷、＜次へ＞をクリックします❸。

＜許可＞をクリックします❻。

＜完了＞をクリックすると❼、Gmail を使用できるようになります。

IMAP を経由して Gmail を利用するメールソフトの場合、Gmail からも設定をする必要があります。P.040 の 047 を参考に設定画面を開き、＜メール転送と POP ／ IMAP ＞をクリックし❽、「IMAP アクセス」で任意の項目を選択し❾、＜変更を保存＞をクリックして設定します❿。

パスワードを入力し❹、＜次へ＞をクリックします❺。

不在通知設定をオンにしておくと、指定した期間内にメールを受信したとき、不在通知のメールが自動返信されます。P.040 の 047 を参考に設定画面を開き、＜全般＞をクリックして「不在通知」で＜不在通知 ON ＞をクリックして選択し、期間設定とメール作成をして、＜変更を保存＞をクリックして設定します。

072 連絡先の画面構成を知ろう

Googleには、「Google 連絡先」という連絡先管理機能があります。これに連絡先を登録しておくと、同じアカウントを共有する端末で連絡先を共有することができるほか、各 Google サービスと連携します。たとえば、Gmailでメールに宛先を入力する際、名前やメールアドレスの一部を入力するだけで宛名の候補が表示されるようになります。
ここでは、連絡先へのアクセス方法と、連絡先の画面構成を説明します。

Gmailの画面右上で <kbd>⋮⋮⋮</kbd> ❶→＜連絡先＞の順にクリックします❷。「連絡先」が表示されていない場合、手順❶のあと、＜もっと見る＞をクリックすると、「連絡先」が表示されます。初めてアクセスするときはチュートリアルが表示されるので、画面の指示に従って操作します。

重複 重複している連絡先がないか検索します

検索ボックス 連絡先を検索できます

編集機能 連絡先にマウスポインターを合わせると、表示されます

設定 設定を変更します

ラベル 連絡先をグループにします

連絡先 連絡先が一覧表示されます

新規連絡先 連絡先を新規作成します

073 連絡先を登録しよう

連絡先に登録できる情報は、名前、会社、役職、メールアドレス、電話番号、メモなどです。また、＜もっと見る＞をクリックすると、フリガナやニックネーム、連絡先名、住所や誕生日なども登録できます。

●をクリックしたあと❶、連絡先を入力し❷、＜保存＞をクリックします❸。

「Google 連絡先」の画面が本書と違う場合、古いバージョンの連絡先画面になっている可能性があります。画面左下の＜コンタクトのプレビューを試す＞をクリックすると、最新の連絡先画面が表示されます。

053

074 連絡先を編集しよう

登録した連絡先を編集するには、まず、編集したい連絡先にマウスポインターを合わせます。✏が表示されるのでクリックすると、P.053 の 073 と同じ画面が表示され、編集できるようになります。

編集したい連絡先にマウスポインターを合わせたあと❶、✏をクリックします❷。P.053 の 073 と同様に編集します。

075 連絡先を削除しよう

登録した連絡先を削除するには、074 と同様、削除したい連絡先にマウスポインターを合わせます。⋮が表示されるのでクリックし、＜削除＞を2度クリックすると、連絡先が削除されます。

削除したい連絡先にマウスポインターを合わせたあと❶、⋮❷→＜削除＞❸→＜削除＞の順にクリックします。

076 連絡先を使ってメールを送信しよう

Google 連絡先に連絡先を登録しておくと、Gmail で新規メールを作成する際、連絡先を呼び出してメールアドレスを入力することができます。また、Gmail を開かなくても、Google 連絡先に登録された連絡先からメールを作成することもできます。

●Gmail

Gmail で新規メールを作成し、＜To＞をクリックします❶。

任意の連絡先のチェックボックスをクリックして選択し❷、＜選択＞をクリックします❸。

●Google連絡先

Google 連絡先の画面でメールを送りたい人の連絡先をクリックします❶。

メールアドレスをクリックすると❷、新規メッセージの作成画面が表示されます。

 Gmail は、「オートコンプリート機能」により、送信相手を自動で連絡先に登録するようになっています。連絡先の自動登録をオン／オフにするには、P.040 の 047 を参考に設定画面を開き、＜全般＞をクリックして「連絡先を作成してオートコンプリートを利用」で＜手動で連絡先を追加する＞をクリックして選択するか、＜新しいユーザーにメールを送信すると~＞をクリックして選択し、＜変更を保存＞をクリックします。

077 連絡先をグループにまとめよう

連絡先をグループにしてまとめるときは、「ラベル」を利用します。グループにまとめておくことで、グループメンバーにまとめてメールを送信することができるようになります。仕事のプロジェクトや、同窓会などの連絡に便利です。

<ラベルを作成>をクリックし❶、ラベル名を入力し❷、<OK>をクリックします❸。

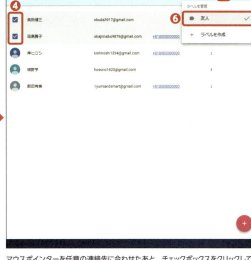

マウスポインターを任意の連絡先に合わせたあと、チェックボックスをクリックして選択し❹、■をクリックし❺、任意のラベルをクリックして選択します❻。

078 スマートフォンの「Gmail」アプリでメールを閲覧しよう

Gmailはスマートフォンでも利用することができます。パソコンと同様、Webブラウザ版と「Gmail」アプリがあります。ここでは、「Gmail」アプリでメールを閲覧する方法を紹介します。ただし、「Gmail」アプリはiPhoneにプリインストールされていないため、「App Store」からインストールする必要があります。

ホーム画面やアプリ一覧で、<Gmail>をタップします❶。

「Gmail」アプリが起動し、受信トレイが表示されます。閲覧したいメールをタップします❷。

メールを閲覧できます。

Google 連絡先を Android スマートフォンで利用するには、Web ブラウザを利用する方法と「連絡帳」アプリを利用する方法の2通りがあります。「連絡帳」アプリは、通常 Android スマートフォンにインストールされていないため、利用する場合はインストールする必要があります。iPhone では P.018 の 008 を参考に「連絡先」アプリと同期して使います。

079 「Gmail」アプリでメールを作成/送信しよう

スマートフォンの「Gmail」アプリを使って、自宅や出先からメールを送ってみましょう。宛先を入力する際、初めて宛先の入力をする場合や連絡先の提案を許可していない場合は、「連絡先の提案を許可」という表示が出ます。許可しておくと、手早く宛先を入力することができます。なお、iPhone では「App Store」から「Gmail」アプリをインストールする必要があります。

P.055 の 078 を参考に「Gmail」アプリを起動します。
❷をタップします❶。

＜To＞をタップします❷。

宛先を入力します❸。連絡先の提案を許可していない場合は＜連絡先の提案を許可＞をタップします❹。iPhone では、＜友達にメールを送信するには連絡先へのアクセスを許可してください＞をタップします。

初回は＜許可＞をタップします❺。iPhone では＜OK＞をタップします。

宛先をタップして選択するか、入力します❻。

件名と本文を入力します❼。すべての入力が終わったら、❽をタップして送信します❽。

080 「Gmail」アプリでメールを検索しよう

スマートフォンの「Gmail」アプリで、メールを検索するには、受信トレイの上部にある🔍をタップしてキーワードを入力します。検索オプションは使えませんが、「from: ○○」「subject: ○○」のように入力して送信者や件名で検索することが可能です。

P.055 の 078 を参考に「Gmail」アプリを起動します。🔍をタップします❶。

キーワードを入力し❷、🔍をタップします❸。

キーワードを含むメールが表示されます。

 スマートフォンの「Gmail」アプリにも、タブ機能が存在します。≡をタップすると、「メイン」や「ソーシャル」、「プロモーション」といったタブの名前が表示されます。これをタップすることで、タブを閲覧することができます。同様に、ラベルも≡をタップすると表示される画面で閲覧できます。

081 「Gmail」アプリで出先からメールを整理しよう

出先の空いた時間を使って、メールを整理してみましょう。スマートフォンの「Gmail」アプリでも、パソコンとほとんど同じ整理機能を用いることができます。ただし、アプリからラベルの作成を行うことはできないため、事前にパソコンで作成する必要があります。

● アーカイブ

メールを左右どちらかへスワイプすると、メールがアーカイブされます。

● 削除

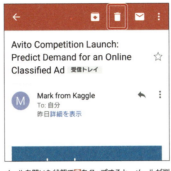

メールを開いた状態で🗑をタップすると、メールが削除されます。

● スター

☆をタップすると、スターを付けることができます。

● 複数選択

メールを選択するには、アイコンをタップするか、メールをロングタッチします。

● 選択したメールの一括操作

メールを選択した状態で🗒をタップすると、ラベルの変更や重要マークの変更を行えます。なお、iPhoneでは重要マークの編集ができません。

● 選択したメールの削除

メールを選択した状態で🗑をタップすると、選択中のメールが削除されます。複数のメールを削除したい場合は、こちらの方法が便利です。

082 スマートフォンでGmailの通知設定を確認しよう

通知の設定の確認や変更は、「設定」から行うことができます。ここでは通知設定を確認する方法を紹介します。そのほか、アカウントの設定や受信トレイの設定なども、同じように「設定」から行うことができます。

P.055の078を参考に「Gmail」アプリを起動します。☰をタップします❶。

<設定>をタップします❷。

設定を行うアカウントをタップします❸。

上へスクロールすると、通知設定を確認することができます。項目をタップすると設定を変更できます。

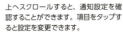

 iPhoneでのGmailの通知設定は、<すべての新着メール><メインのみ><高優先度のみ><なし>から選択できます。そのほか、本体の設定からも通知のスタイルを変更することができます。

083 iPhoneの「メール」アプリでGmailを使おう

P.018の008を参考に、iPhoneにGoogleアカウントを登録しiPhoneのメールアプリと同期することで、iPhoneのメールアプリでGmailを使えるようになります。ここでは、受信したメールの閲覧やメールの作成／送信、メールの削除などの基本的な操作を説明します。

●受信ボックスを開く

ホーム画面で＜メール＞をタップします❶。

＜Gmail＞をタップします❷。

Gmailで受信したメールを閲覧できます。

●メールを作成／送信する

画面右下の をタップします❶。

差出人を2回タップし❷、Gmailアドレスをタップします❸。

宛先❹、件名❺、本文を入力し❻、＜送信＞をタップします❼。

●メールをアーカイブする

メールをアーカイブするには、メールを左方向へスワイプします❶。

複数のメールをアーカイブするには、＜編集＞をタップします❷。

メールをタップして選択し❸、＜アーカイブ＞をタップします❹。

上記の「受信ボックスを開く」の手順❷の画面の下部には、「メールを作成／送信する」の手順❶の画面のように、「ゴミ箱」や「スター付き」などのフォルダが表示されています。表示されていない場合は、＜Gmail＞をタップします。

Google Maps

Googleマップを使って出かけよう

知らない街へ出かけるときも、Googleマップがあれば安心です。目的地への道順や周辺のお店、電車やバスの時刻表などを、かんたんに調べることができます。

084 Googleマップの基本と画面構成を知ろう

Googleマップは、Googleが提供するオンライン地図サービスです。世界中の地図を見るだけでなく、施設やお店などの周辺の情報や、目的地へのアクセス方法などを調べることができます。また、ストリートビューや360°パノラマ写真など写真で周囲を見渡すことができ、その場所の雰囲気を知ることができます。
ここでは、Googleマップへのアクセス方法と、画面構成を紹介します。

P.015の004を参考にGoogleにログインし、Google検索トップページで⊞❶→＜マップ＞の順にクリックします❷。

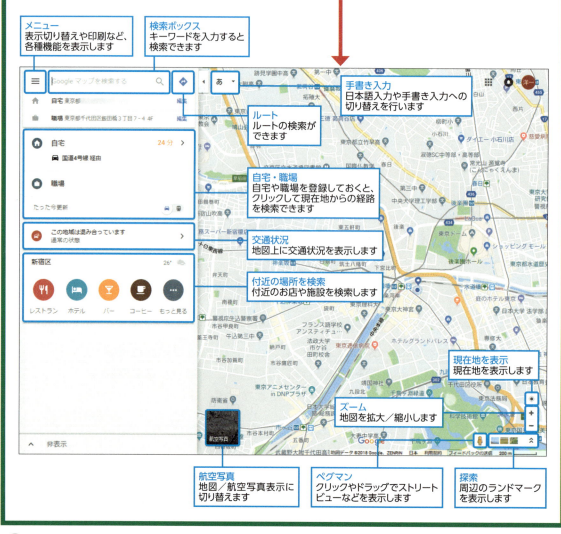

パソコンで位置情報の利用を許可していない場合、Googleマップで現在地や周辺の地図を表示することができません。位置情報利用の許可については、P.061の085を参考にしてください。なお、位置情報はIPアドレスや近くのWi-Fiスポットをもとに取得されるので、あまり正確ではないことがあります。

085 現在地を表示しよう

Googleマップは、ユーザーの使用する端末の位置情報を利用することで、現在地や周辺の地図を表示します。現在地を表示するには、パソコンの位置情報をオンにし、Webブラウザが位置情報を使用できるよう設定をする必要があります。ここでは、位置情報を使用できるようにする方法と、現在地の表示方法を説明します。

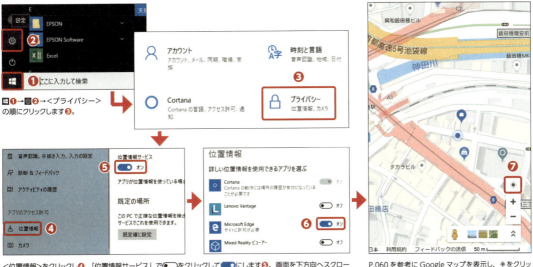

❶→❷→＜プライバシー＞の順にクリックします❸。

＜位置情報＞をクリックし❹、「位置情報サービス」で ◯ をクリックして ◯ にします❺。画面を下方向へスクロールし、「詳しい位置情報を使用できるアプリを選ぶ」で使用しているWebブラウザの ◯ をクリックして ◯ にします❻。

P.060を参考にGoogleマップを表示し、 ◉ をクリックします❼。 ● が表示された場所が現在地です。

---

086 地図を移動／拡大／縮小しよう

表示している地図を移動したい場合は、地図上でマウスポインターをドラッグして移動します。また、地図を拡大／縮小したい場合は、＋／－をクリックします。なお、一度地図や＋／－をクリックしてから、キーボードの↑↓→← キーを押すと、キーボードから移動や拡大／縮小の操作ができるようになります。

●移動

地図上でマウスポインターをドラッグすることで、地図を移動します❶。左方向へドラッグすれば右へ、下方向へドラッグすれば上へ移動します。

●拡大／縮小

＋をクリックすると地図が拡大され、－をクリックすると縮小されます❶。

G 086右で説明した地図の拡大／縮小は、マウスホイールからも操作することができます。マウスホイールを前方へ転がすと地図が拡大され、後方へ転がすと地図が縮小されます。また、左ダブルクリックで地図を拡大／右ダブルクリックで地図を縮小することもできます。

087 指定した住所や施設の場所を表示しよう

施設の名称や住所、電話番号、郵便番号や地域名などを検索ボックスに入力して検索することで、その場所や場所に関する情報を表示することができます。

さらに、「コンビニ」や「銀行」などといった、具体的な名称ではないキーワードでも検索して表示することができます。

●住所で検索して表示

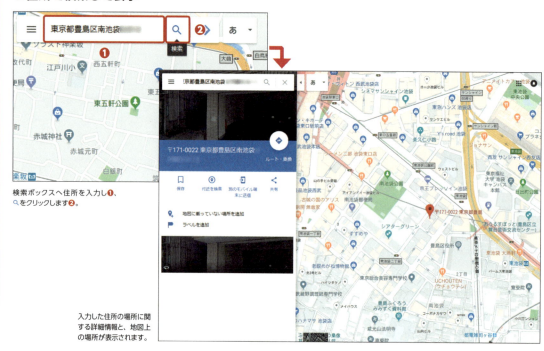

検索ボックスへ住所を入力し❶、
🔍をクリックします❷。

入力した住所の場所に関する詳細情報と、地図上の場所が表示されます。

●施設名で検索して表示

検索ボックスへ施設名を入力し❶、
🔍をクリックします❷。

入力した施設に関する詳細情報と、地図上の場所が表示されます。

> **G** 地図上をクリックすると、その地点に関する情報が表示されます。また、右クリックして＜付近を検索＞をクリックすると、検索ボックスでその周辺のレストランやホテルなどを検索することができます。

088 航空写真や現地の写真を表示しよう

Googleマップでは、地図とあわせて航空写真や現地の建物などの写真を見ることができます。航空写真を表示するには、地図左下の＜航空写真＞をクリックします。もとの地図に戻すときは、同じ場所の＜地図＞をクリックします。また、現地の写真を表示したいときは、P.062を参考に任意の場所を表示し、サイドパネルの画像をクリックします。地図上で☆をクリックすると、その周辺の写真や「ストリートビュー」を見ることもできます。現地周辺の写真を見て、その場所の雰囲気を知りたいときに便利です。ストリートビューについては、P.064の090で説明します。

●航空写真を表示／現地の写真を表示

地図左下の＜航空写真＞をクリックすると❶、地図が航空写真に切り替わります。また、P.062の087を参考に任意の場所を表示し、サイドパネル上部の画像をクリックすると❷、その場所の写真を表示できます。

●航空写真を表示／現地の写真を表示

周辺の写真を見たいときは、画面右下の☆をクリックすると❶、画像が一覧で表示されます。任意の画像をクリックすると❷、周辺の写真やストリートビューを見ることができます。

089 地図を3Dで表示しよう

パソコン版Googleマップでは、航空写真の地図を3Dで表示することができます。ビル街におけるルート検索に便利です。また、建物のほか、山や遊園地のアトラクションも3Dで表示することができます。

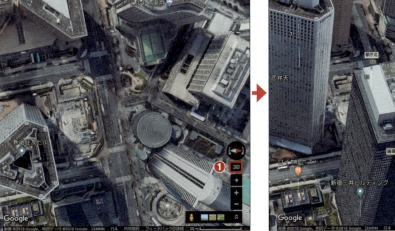

地図を3Dで表示するには、088を参考に航空写真を表示し、＜3D＞をクリックします❶。地図を拡大すると建物が3Dで表示されます。

■の矢印をクリックすると、クリックした方向に地図が回転します❷。2Dに戻すには、＜平面＞をクリックします❸。

> 地図の3D表示は対象地域が決まっており、都市部が表示対象となっています。そのため、一部の地域では3D表示されないことがあります。

090 ストリートビューを表示しよう

Googleマップには、「ストリートビュー」という機能があり、まるでその場にいるかのように周囲を見渡したり、探索したりすることができます。都市部では、ほとんどの場所のストリートビューを見ることができます。

任意の場所を表示し、 をクリックします❶。青い線が表示されている場所が、ストリートビューを表示できる場所です。任意の線をクリックします❷。

マウスポインターを合わせた場所に表示される をクリックすると、矢印の方向に進みます。また、画面をドラッグすると、周囲を360度見渡すことができます。画面右上の をクリックすると、もとの画面に戻ります。

091 デパートや美術館などの中まで見よう

デパートや高層ビルなどの建物内部を、「インドアビュー」で地図表示することができます。また、ストリートビューや「中を見る」機能を使って、一部の美術館やお店などの内部をのぞくこともできます。

●インドアビュー　　　　　　　●ストリートビュー／中を見る

P.062の087を参考に、インドアビューに対応している建物を表示し、 をクリックして拡大します❶。任意の階をクリックすると❷、その階の地図が表示されます。

090を参考に、 または建物内部に青い線が表示されている場所をクリックすると、建物内部の様子を見ることができます。マウスポインターを合わせたとき、 が表示された場合、クリックすると被写体の詳細を確認できます。

ストリートビューを表示しているとき、画面左上に が表示される場所があります。それをクリックすると、過去のストリートビューを表示することができます。その場所の過去の様子を知りたいときに利用しましょう。

092 地球以外の惑星を探検しよう

地球だけでなく、月や土星、国際宇宙ステーションなどを表示し、ちょっとした宇宙探検をすることができます。

宇宙空間を表示するには、表示を航空写真へ切り替え、最大限まで縮小します。

P.063の088を参考に、表示を航空写真に切り替えます。■をクリックし続け❶、ズームアウトします。地球が表示されたあと、「宇宙空間」のサイドバーが表示されます。任意の項目をクリックします❷。

拡大／縮小やドラッグなどの操作で、地球外を探検することができます。P.063の089手順❶のように、＜3D＞をクリックすると立体的な写真を楽しめます。なお、月や火星など、地球から距離が近い星は、よりアップで見ることができます。

093 地図内の距離を測ってみよう

地図上で2点以上をクリックして指定することで、直線距離を測定することができます。だいたいの距離を知りたいときに便利な機能です。直線距離を測定するには、出発点を右クリックし、＜距離を測定＞をクリックしたあと、到着点をクリックします。地図上で右クリックし、＜測定を消去＞をクリックすると、測定の線が消えます。

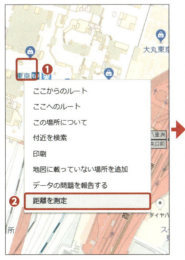

出発点を右クリックしたあと❶、＜距離を測定＞をクリックします❷。

到着点をクリックします❸。

直線距離が表示されます。さらにクリックして3点以上の距離を測定したり、○をドラッグして場所を移動させたりすることもできます。

「Google Earth」では、Googleマップのように場所を検索したり、より臨場感のある航空写真を楽しんだりすることができます。また、「Voyager」や「I'm Feeling Lucky」などの機能で、地球上を巡ることもできます。Google Earthを利用するには、第9章で紹介する「Google Chrome」で「http://www.google.cm/earth」にアクセスするか、スマートフォンで「Google Earth」アプリを使用します。

094 地図上の情報を共有しよう

ほかの人にGoogleマップ上の情報を見せたいときは、共有リンクを送信します。任意の場所を表示し、＜共有＞をクリックすることで共有リンクが作成されます。共有リンクをコピーしてメールで送信したり、SNSで投稿したりして共有することができます。「地図を埋め込む」では、地図をWebページに埋め込むことができます。

P.062を参考に任意の場所の詳細情報を表示したあと、＜共有＞をクリックします❶。

＜リンクをコピー＞をクリックして、共有リンクをメールやメッセージアプリで送信するか、任意のSNSをクリックして共有します❷。

095 目的地へのルートを検索しよう

「ルート」を使えば、目的地への道順だけでなく、徒歩、バスや電車などの公共交通機関、飛行機でのルートを検索することができます。また、ルート検索画面で◆をクリックすると、おすすめの交通手段が表示されます。なお、自転車での経路は日本未対応です。

手順❺の画面で＜オプションを表示＞をクリックすると、使用しない交通機関を設定することができます。

◆をクリックします❶。

任意の交通手段をクリックし❷、出発地と目的地を入力し❸、◎をクリックすると❹、ルートが検索されます。

出発時刻や到着時刻を選択したあと❺、任意の経路を選択すると❻、経路の詳細が表示されます。

Googleマップでは、徒歩での移動はおよそ時速5km（およそ分速80m）で計算されています。

096 目的地までの交通状況を確認しよう

メニューで<交通状況>をクリックすると、道路の交通状況を確認することができます。道路に表示される線が緑色の場所は自動車の流れが高速で、赤の場所は低速になっています。 をクリックすると、交通状況の表示をオフにすることができます。

P.062の087を参考に、目的地周辺を表示します。
≡❶→<交通状況>の順にクリックします❷。

現在の交通状況が表示されます。曜日や時刻を指定したい場合は、<ライブ交通情報>❸→<曜日と時刻別の交通状況>の順にクリックします❹。

任意の曜日をクリックして選択し❺、時刻を設定するスライドバーを左右にドラッグして設定します❻。

097 目的地付近の路線図を確認しよう

メニューで<路線図>をクリックすると、電車や地下鉄の路線図を地図上に表示することができます。各路線の色で表示されるため、路線や駅の場所が見やすくなります。なお、一部地域では路線図に対応していないことがあります。

P.062の087を参考に、目的地周辺を表示します。≡❶→<路線図>の順にクリックします❷。

各路線が色別に表示されます。

 メニューでは、交通状況や路線図の表示以外に、地形に関する情報を表示することができます。096を参考にメニューを表示し、<地形>をクリックすると、地形や標高が表示されます。

067

098 電車やバスの時刻表を確認しよう

駅やバス停の詳細画面で＜電車＞や＜バス＞をクリックすると、時刻表を確認することができます。
バス停を探したい場合は、地図上で任意の場所を右クリックし、＜付近を検索＞をクリックして、検索ボックスに「バス停」と入力して検索します。

P.062の087を参考に、駅の詳細情報を表示します。＜電車＞をクリックします❶。

時刻表が表示されます。

099 目的地付近のお店や施設を検索しよう

「目的地周辺でお土産を買いたい」、「目的地周辺を観光したい」などというときは、目的地の詳細情報を表示し、＜付近を検索＞をクリックして検索します。お店や施設などを選ぶときは、場所と営業時間などの詳細情報とあわせて、そこを訪れた人の評価やレビューを見ておくとよいでしょう。

P.062の087を参考に、目的地の詳細情報を表示します。＜付近を検索＞をクリックし❶、検索ボックスにキーワードを入力し❷、 をクリックします❸。

条件に一致するお店や施設が一覧で表示されます。＜すべての評価＞をクリックし❹、任意の評価をクリックして選択することで❺、評価で絞り込んだ検索を行うことができます。お店や施設の名前をクリックすることで❻、詳細情報を見ることができます。

 訪れた場所の評価や口コミを投稿するには、その場所の詳細情報を表示し、＜口コミを書く＞をクリックして、評価を選択して口コミを入力し、＜投稿＞をクリックします。

100 地図やルートを印刷しよう

出先で迷わないよう、地図やルートを印刷しておくと便利です。地図を印刷するには、印刷したい地図を表示した状態で、メニューから印刷します。ルートを印刷するには、ルートの詳細を表示し、🖨をクリックします。このとき、地図を含めて印刷するか、テキストのみ印刷するかを選択することができます。

●地図の印刷

地図を印刷するには、印刷したい地図を表示し、≡❶→＜印刷＞❷→＜印刷＞の順にクリックします❸。以降は、P.049 の 064 手順❷以降を参考に、プリンターや印刷の向きなどの設定を行い、印刷します。

●ルートの印刷

ルートを印刷するには、P.066 や 095 を参考に、ルートを検索します。任意のルートをクリックし❶、詳細を表示します。🖨をクリックし❷、印刷する対象をクリックして選択します❸。＜印刷＞をクリックします❹。以降は、P.049 の 064 手順❷以降を参考に、プリンターや印刷の向きなどの設定を行い、印刷します。

101 自宅や職場の場所を登録しよう

よりスムーズな検索のために、自宅や職場の場所を Google マップに登録しておきましょう。これらを登録しておくと、検索ボックスへ「自宅」や「職場」と入力するだけで、場所を表示することができるようになります。自宅や職場を登録するには、検索ボックスに「自宅」や「職場」と入力し、＜場所を設定＞をクリックします。

検索ボックスへ「職場」と入力し❶、＜場所を設定＞をクリックします❷。

住所を入力し❸、＜保存＞をクリックします❹。

101 で登録した「自宅」や「職場」はマイプレイスの「ラベル付き」に登録されます。それ以外の場所を「ラベル付き」に登録したい場合は、地図上で施設などをクリックし、左側の画面で＜ラベルを追加＞をクリックして、ラベル名を入力します。

102 マイマップを作成しよう

「マイマップ」とは、訪れたい場所やお気に入りの場所を登録して作る、オリジナルの地図です。

作成したマイマップは、手順❷の画面から見ることができるようになります。

☰→＜マイプレイス＞の順にクリックします❶。

＜マイマップ＞❷→＜地図を作成＞の順にクリックします❸。

＜無題の地図＞をクリックします❹。

地図タイトル❺、地図の説明❻を入力し、＜保存＞をクリックします❼。

地図に追加する場所を検索します。検索ボックスにキーワードを入力し❽、🔍をクリックします❾。

地図に追加する場所にマウスポインターを合わせ❿、➕をクリックします⓫。

手順⓫でクリックした場所が地図に保存されます。手順❽～⓫の操作を繰り返して場所を追加します。＜無題のレイヤ＞をクリックすると⓬、レイヤ名を変更することができます。

 マイマップで登録した場所をカテゴリーごとに分けたい場合は、手順❿の画面で＜レイヤを追加＞をクリックしてレイヤを作成し、分類します。また、作成したマイマップを友だちと共有したい場合は、手順❿の画面で＜共有＞をクリックし、共有方法を選択します。

070

103 ルート検索結果をスマートフォンに送ろう

パソコンで検索したルートを、スマートフォンなどのモバイル端末に送信することができます。同じGoogleアカウントでサインインしたことのある端末であれば、すぐに送信できます。送信する端末が表示されない場合は、端末から同じGoogleアカウントでサインインする必要があります。

P.066の095を参考にルート検索結果を表示し、＜ルートをモバイル端末に送信＞をクリックします❶。

送信先をクリックします❷。

104 スマートフォンでGoogleマップを使おう

スマートフォンで「Googleマップ」アプリを利用すれば、出先ですばやく地図を見たり、ルートを検索したりすることが可能です。iPhoneでは「App Store」から「Googleマップ」アプリをインストールする必要があります。
また、初めてアプリを起動するとき、「続行するには、端末の位置情報をONにしてください（Googleの位置情報サービスを使用します）」と表示されるため、＜OK＞をタップし、位置情報の設定を行ってください。iPhoneの場合は、「"Google Maps"に位置情報の利用を許可しますか？」と表示されるため、＜このAppの使用中のみ許可＞または＜常に許可＞をタップしてください。続いて、「"Google Maps"は通知を送信します。よろしいですか？」と表示されるため、＜許可＞をタップしてください。

ホーム画面やアプリ一覧で、＜マップ＞をタップします❶。

◉をタップします❷。

現在地が◉で表示されます。画面のスクロールやピンチ操作で移動や拡大／縮小が行えます。

> モバイルロケーション履歴を有効にすると、Googleマップやそのほかのサービスにおいてより正確な情報が表示されるようになります。モバイルロケーション履歴の設定や削除は、「https://www.google.com/maps/timeline」から行うことができます。

071

105 スマートフォンで周辺情報を調べよう

Googleマップを起動し、画面下部を上方向へスライドすると、周辺のスポットを検索したり、おすすめのランチスポットなどを見たりすることができます。

また、検索ボックスへ直接入力しても、同様に周辺の施設やお店などを検索することができます。

P.071の104を参考にGoogleマップを起動します。画面下部を上方向へスライドします❶。

周辺情報が表示されます。任意の項目をタップします❷。

条件と一致する場所が一覧で表示されます。タップすると、詳細が表示されます。

106 スマートフォンでルートを検索しよう

スマートフォンでも、パソコンにおける手順とほぼ同様にルートを検索することができます。

手順❷の画面で＜オプション＞をタップすると、使用しない交通機関などを設定することができます。

P.071の104を参考にGoogleマップを起動します。＜経路＞(iPhoneでは画面右上の➤)をタップします❶。

出発地と目的地を入力し❷、任意の交通手段をタップし❸、＜出発時刻＞をタップして時間を設定します❹。ルートをタップして選択します❺。

経路の詳細が表示されます。駅名をタップすると、時刻表が表示されます。また、＜○駅乗車＞をタップすると、途中に通過する駅が表示されます。

 海外のようなインターネットが使えない環境へ行く際は、前もってオフラインマップをダウンロードしておきましょう。市町村や州の詳細情報を表示し、＜ダウンロード＞をタップし、ダウンロードする範囲を選択することで、ダウンロードを行えます。なお、国や地域によってはダウンロードできないことがあります（日本も不可）。

072

107 スマートフォンをカーナビにしよう

Googleマップは、徒歩での経路案内はもちろんのこと、自動車での経路案内にも対応しています。カーナビと同様、画面表示と音声でのナビゲーションをすることが可能です。

徒歩での経路案内では、自動車が通行できない経路へ案内される場合があるため、必ず自動車での経路案内に従って走行してください。

●経路を確認する

経路の道順を確認するには、P.072 の 106 手順❷を参考に出発地と目的地を入力し、🚗をタップします❶。＜道順など＞(iPhoneでは＜道順＞) をタップします❷。

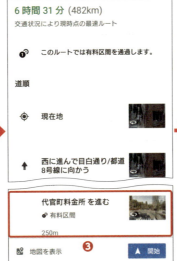

道順が表示されます。任意の道順をタップします❸。なお、写真をタップすると、ストリートビューを見られます (iPhone 未対応)。＜地図を表示＞ (iPhoneでは＜地図＞) をタップすると、前の画面へ戻ります。

その道順の場所を確認できます。＜＞や＜＞をタップすると❹、前後の道順を表示します。← (iPhoneでは◀) をタップすると❺、前の画面へ戻ります。

●ナビゲーションを利用する

ナビゲーションを開始するには、＜開始＞をタップします❶。

初回利用時は、リンク先の利用規約をタップして内容を確認し❷、＜OK＞をタップします❸。

ナビゲーションが開始されたら、音声に従って進みます。🔍をタップすると、レストランやガソリンスタンドなどを検索できます。

運転時のスマートフォンの操作は、必ず運転手以外の人が行ってください。また、周囲の状況や実際の交通規制に従って走行してください。

073

108 スマートフォンで自分のいる場所を友達に知らせよう

スマートフォンなどの端末では、自分の現在地をほかの人と共有することができます。待ち合わせをするとき、自分の場所を具体的に伝えることができるため、便利な機能です。現在地を共有すると、共有された相手の地図上に自分の現在地が表示されるようになります。なお、相手の現在地は、相手が現在地の共有をオンにしたときに表示されます。ここではGoogleユーザーと現在地を共有する方法を説明します。ほかにも、地図のリンクを送信したり、Bluetoothで共有したりすることもできます。

iPhoneの場合、Googleマップが位置情報を利用することを常に許可している場合のみ、現在地の共有を行うことができます。この設定は、ホーム画面で＜設定＞→＜Google Maps＞→＜位置情報＞→＜常に許可＞の順にタップして設定します。

P.071の104を参考にGoogleマップを起動します。≡→＜現在地の共有＞の順にタップします❶。

＜使ってみる＞をタップします❷。

現在地の共有期間（ここでは＜1時間＞）をタップして選択します❸。➖と➕をタップして❹、時間を設定します。共有方法（ここでは＜ユーザーを選択＞）をタップして選択します❺。

初回利用時は、＜許可＞（iPhoneでは＜OK＞を2回）をタップします❻。

連絡先をタップして選択し❼、＜共有＞をタップします❽。

初回利用時は、＜ONにする＞をタップします❾。

P.031では、Google検索のイースターエッグを紹介しましたが、Googleマップにもイースターエッグが存在し、発見すると📍が表示されます。たとえば、「フォート・オーガスタス」から「アーカート城」までのルートを電車で検索すると、ネス湖を通過する際の交通手段としてネッシーが表示されます。

Google Calendar

Chapter 5

Googleカレンダーで予定を管理しよう

Googleカレンダーは、オンラインで利用できるスケジュール管理サービスです。複数のカレンダーを一括管理したり、ほかのユーザーと共有したりできます。

109 Googleカレンダーの基本と画面構成を知ろう

31

Google カレンダーは、Google が提供するオンラインスケジュール管理サービスです。予定を見やすく色分けすることができ、手帳では煩わしい予定変更も、かんたんに行うことができます。表示形式は日単位や週単位など、好きなものを選択できるようになっています。また、リマインダーを設定しておけば、予定の開始時刻前に通知が届くので予定を忘れる心配がなくなります。ほかにも、複数のカレンダーを一括管理する機能があるため、仕事やプライベートの予定をスマートに管理することができます。

ここでは、Google カレンダーへのアクセス方法と、画面構成を紹介します。

P.015 の 004 を参考に Google にログインし、Google 検索トップページで⚏❶→＜カレンダー＞の順にクリックします❷。初回利用時は＜ OK ＞をクリックします。

メインメニュー
メインメニューを閉じます

今日
クリックすると、今日のカレンダーを表示します

前週／翌週
前週／翌週の期間のカレンダーを表示します

検索
クリックすると検索できます

表示切替
カレンダーの表示形式を切り替えます

設定メニュー
カレンダーの設定を行えます

マイカレンダー／他のカレンダー
登録しているカレンダーを編集します

月のカレンダー
日付をクリックすると、その日付を表示します

予定
登録した予定が表示されます

予定を作成
新しい予定を作成します

G 初期状態では「日本の祝日」という、祝日を表示するカレンダーが登録されています。非表示にするには、「他のカレンダー」で＜日本の祝日＞をクリックしてチェックを外します。削除するには、＜日本の祝日＞にマウスポインターを合わせ、✗をクリックします。

076

110 Googleカレンダーの表示形式を変更しよう

手帳のカレンダー表示にさまざまな種類があるように、Googleカレンダーにおいても数種類の表示形式が用意されています。初期状態では、P.076のような週ごとの表示になっています。ほかにも、日単位、月単位、年単位、設定した単位での表示や、スケジュールの一覧表示が可能です。

●月表示

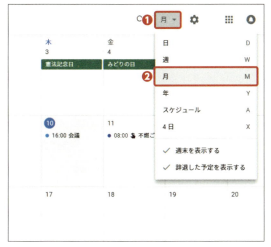

P.076を参考にGoogleカレンダーを表示し、<の右隣りの▼をクリックし❶、<月>をクリックすると❷、月単位の表示になります。

●スケジュール表示

<の右隣りの▼をクリックし❶、<スケジュール>をクリックすると❷、スケジュールが一覧で表示されます。

111 Googleカレンダーに予定を登録しよう

Googleカレンダーに予定を登録するには、開始日時をクリックし、ポップアップ画面で予定を編集して保存します。なお、日表示や週表示で登録した予定の下端を下方向へドラッグすると、終了時間を変更することができます。また、予定登録時のポップアップ画面で<その他のオプション>をクリックすると、詳細な予定を編集することも可能です。

●予定を登録

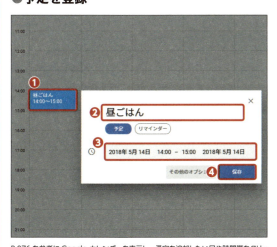

P.076を参考にGoogleカレンダーを表示し、予定を追加したい日や時間帯をクリックします❶。タイトルを入力し❷、日時を設定し❸、<保存>をクリックします❹。

●詳細な予定を登録

「予定を登録」の手順❶の画面で<その他のオプション>をクリックすると、「予定の詳細」画面で予定の詳細を編集することができます。

> 終日の予定を登録する場合は、111の「詳細な予定を登録」の画面で、<終日>をクリックしてチェックを付け、<保存>をクリックします。終日の予定とは、時刻の決まっていないその日1日の予定のことです。

112 予定時刻が近付いたら通知が届くようにしよう

予定を忘れないように、登録した予定時刻の前に通知が届くよう設定することができます。通知の方法は、Gmailへメールを送信する「メール」と、デスクトップとスマートフォンに通知を表示する「通知」の2種類から選択することができます。

P.077の111を参考に予定を作成し、「予定の詳細」画面を表示し、予定を編集します。または、すでに作成した予定をクリックし、✏️→<通知を追加>の順にクリックします。<通知>をクリックし、<メール>または<通知>をクリックして選択します❶。通知する時間を選択し❷、<保存>をクリックします❸。

設定した時間に通知が届きます。

113 長期間にまたがる予定を登録しよう

週単位や月単位の表示形式の場合、カレンダーの日付枠内を横へドラッグすることで、日をまたいだ予定を登録することができます。表示形式が、日単位や年単位、4日単位での表示や、スケジュールの一覧表示になっている場合は、P.077の111を参考にポップアップや「予定の詳細」画面から予定の登録を行います。

予定の始まりの日付から終わりの日付までドラッグします❶。

タイトルを入力します❷。この状態では、終日の予定として登録されます。時間の設定をしたい場合は、<時間を追加>をクリックして設定します。<保存>をクリックします❸。

予定にファイルを添付するには、P.077の111を参考に、「予定の詳細」画面を表示し、📎をクリックします。

114 定期的な予定を登録しよう

定期的な予定を登録する際は、繰り返し設定をしましょう。繰り返し設定をしておくと、指定した日に自動で予定が追加されるようになります。繰り返しの間隔は、自由にカスタマイズすることができます。

●繰り返し設定

P.077の111を参考に、「予定の詳細」画面を表示し、＜繰り返さない＞をクリックし、任意の間隔をクリックします❶。

●繰り返し間隔をカスタマイズする

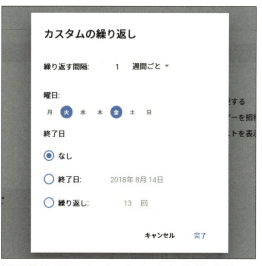

「繰り返し設定」の画面で＜カスタム...＞をクリックすると、繰り返しの間隔をカスタマイズすることができます。

115 予定を変更しよう

登録した予定を変更する場合、変更したい予定をクリックして🖉をクリックします。

予定をクリックし❶、🖉をクリックすると❷、予定の編集を行えます。

116 予定を削除しよう

登録した予定を削除する場合、削除したい予定をクリックして🗑をクリックします。

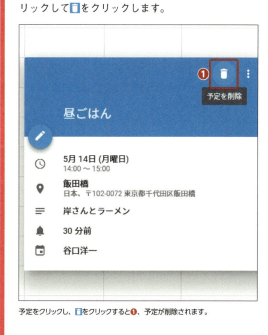

予定をクリックし、🗑をクリックすると❶、予定が削除されます。

> 予定をドラッグすると、別の日時へ移動することができます。移動した直後であれば、＜元に戻す＞をクリックすることで、もとの日時に戻すことができます。

117 Gmailからの自動予定登録をオフにしよう

初期設定では、Gmailのメールに記載された予定が、自動的にカレンダーへ追加されるようになっています。この設定をオフにするには、「設定」で「Gmailからの予定」のチェックを外します。

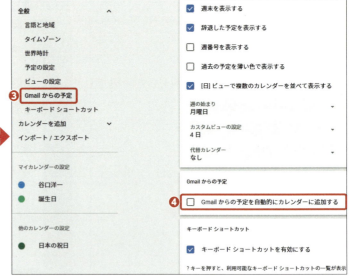

P.076を参考にGoogleカレンダーを表示し、✿❶→<設定>の順にクリックします❷。

<Gmailからの予定>❸→<Gmailからの予定を自動的にカレンダーに追加する>の順にクリックしたあと❹、「Gmailからの予定 - 自動的に追加しない」というポップアップで<OK>をクリックして、チェックを外します。

118 予定を色分けして見やすくしよう

Googleカレンダーでは、予定を色分けすることができます。仕事とプライベートの予定を区別したり、大事な予定を目立たせたりするために便利な機能です。色分けは、「予定の詳細」画面でも、Googleカレンダートップページでも行うことができます。

● 「予定の詳細」画面で色分け

●トップページで色分け

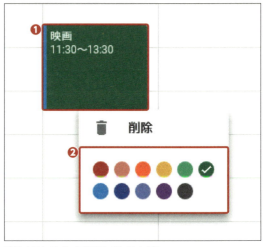

P.077の111またはP.079の115を参考に、「予定の詳細」画面を表示し、●▼をクリックし❶、任意の色をクリックします。

予定を右クリックし❶、任意の色をクリックします❷。

> 週の開始曜日を変更するには、117を参考に設定画面を表示し、<ビューの設定>→<週の始まり>の順にクリックして変更します。月曜日、土曜日、日曜日の中から選択することができます。

080

119 予定を検索しよう

「予定を確認したいけれど、日付を忘れてしまった」というときは、🔍をクリックしてキーワードを入力することで、予定を検索することができます。また、検索オプションで詳細な検索を行うことも可能です。

●予定の検索

P.076を参考にGoogleカレンダーを表示し、🔍をクリックします❶。

検索したいキーワードを入力し❷、🔍をクリックします❸。

●検索オプション

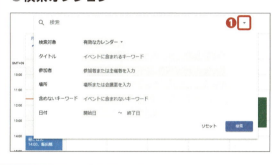

「予定の検索」の手順❷の画面で▼をクリックすると❶、詳細な検索を行うことができます。検索対象、タイトル、参加者、場所、含めないキーワード、日付で絞り込むことができます。

120 今日の予定が毎朝メールで届くようにしよう

今日の予定リストを毎日午前5時にメールで通知するようにしておくと、忘れずに予定を確認できるため便利です。今日の予定リストの設定は、カレンダーごとに行うことができます。

メニュー上の任意のカレンダーにマウスポインターを合わせ❶、⋮をクリックし、<設定と共有>をクリックします❷。

「一般的な通知」で「今日の予定リスト」の<なし>をクリックし❸、<メール>をクリックして選択します❹。

> P.077の111またはP.079の115を参考に、「予定の詳細」画面を表示し、<場所を追加>をクリックして施設の名前や住所を入力し、<保存>をクリックすることで、予定に場所や地図を追加することができます。

081

121 天気予報を表示しよう

カレンダーへ天気予報を表示し、予定といっしょに天気を確認できるようにすることができます。天気予報のカレンダーに限らず、iCal形式のカレンダーであれば、URLを使って追加することができます。

P.080 の 117 手順❶を参考に設定画面を表示し、＜カレンダーを追加＞❶→＜URLで追加＞の順にクリックし❷、上記のカレンダーのURLを入力し❸、＜カレンダーを追加＞をクリックします❹。

天気予報が表示されるようになります。

122 カレンダーを印刷しよう

カレンダーを壁に貼ったり、持ち歩いたりしたいというときは、カレンダーを印刷しましょう。印刷する日付の範囲や、フォントサイズ、印刷の向き、白黒印刷などの設定を行うことができます。

❄❶→＜印刷＞の順にクリックします❷。　印刷する範囲やフォントサイズなどを選択し❸、＜印刷＞をクリックします❹。P.049 の 064 手順❷を参考に印刷します。

121 の画面で＜関心のあるカレンダーを探す＞をクリックすると、他地域の祝日や宗教の祝日、サッカーや野球などのスポーツの試合日程、月の位相などのカレンダーを追加することができます。

123 Windows 10の「カレンダー」アプリと同期しよう

Windows 10の「カレンダー」アプリにGoogleアカウントを追加することで、Googleカレンダーを見ることができるようになります。ここでは、Windows 10の「カレンダー」アプリにGoogleアカウントを追加する方法を紹介します。

「カレンダー」アプリを起動し、≡→<アカウントの管理>の順にクリックします❶。

メールアドレスを入力し❹、<次へ>をクリックします❺。

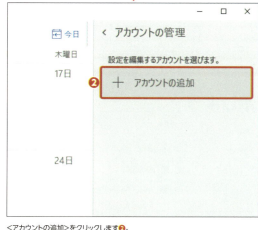

<アカウントの追加>をクリックします❷。

パスワードを入力し❻、<次へ>をクリックします❼。

<Google>をクリックします❸。

<許可>❽→<完了>の順にクリックします。

> P.081の120を参考に、マイカレンダーの設定で任意のカレンダーをクリックし、<カレンダーの統合>をクリックすると、そのカレンダーのiCal形式のURLを取得できます。このURLを使用すると、ほかのカレンダーアプリからGoogleカレンダーにアクセスできるようになります。

124 仕事とプライベートでカレンダーを分けよう

仕事やプライベート、家族の用事など、用途でカレンダーを分けて管理しましょう。新しいカレンダーを追加するには、メニューの＋をクリックします。ここでは、新しいカレンダーの作成方法や、カレンダーのデフォルト色の変更方法、登録するカレンダーの選択方法について紹介します。

●新しいカレンダーの作成

＋❶→＜新しいカレンダー＞の順にクリックします。

新しいカレンダーの名前や説明を入力し❷、＜カレンダーを作成＞をクリックします❸。

●カレンダーのデフォルト色の変更

メニュー上のカレンダーにマウスポインターを合わせ❶、⋮→任意の色の順にクリックして設定します❷。＋をクリックすると、色をカスタマイズできます。

●登録するカレンダーの選択方法

P.077 の 111 を参考に予定作成画面を表示します。カレンダー名をクリックし、登録するカレンダーをクリックします❶。

125 複数のカレンダーを並べて表示しよう

カレンダーの日単位表示でほかの人のカレンダーを登録している場合、自分の予定やほかの人の予定が重なって見づらくなります。設定画面で、「[日]ビューで複数のカレンダーを並べて表示する」にチェックを付けておくと、カレンダーを並べて表示することができます。なお、ほかの人のカレンダーを表示するには、Google カレンダートップページで＜友だちのカレンダーを追加＞をクリックして相手にアクセス権をリクエストし、承認される必要があります。

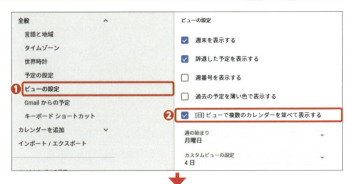

P.080 の 117 手順❶〜❷を参考に設定画面を表示し、＜ビューの設定＞❶→＜[日]ビューで複数のカレンダーを並べて表示する＞の順にクリックしてチェックを付けます❷。
P.077 の 110 を参考に、日単位での表示に切り替えると、複数のカレンダーが並んで表示されます。

カレンダー名を変更するには、P.081 の 120 を参考に、オーバーフローメニューを開き、＜設定と共有＞または＜設定＞をクリックして編集します。

126 カレンダーを家族や仲間と共有しよう

家族や仕事仲間、友達とカレンダーを共有すると、予定の共有や予定合わせがスムーズに行えます。カレンダーの共有は、各カレンダーのオーバーフローメニューから設定します。また、設定画面の「マイカレンダーの設定」で共有したいカレンダーをクリックしても、同様に設定をすることができます。

メニュー上で共有したいカレンダーにマウスポインターを合わせ、⋮をクリックし❶、オーバーフローメニューを表示します。

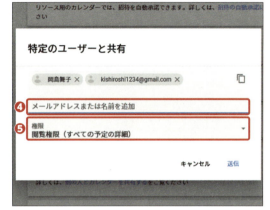

<メールアドレスまたは名前を追加>をクリックしてメールアドレスを入力します❹。<閲覧権限（すべての予定の詳細）>をクリックし❺、プルダウンを表示します。

<設定と共有>をクリックします❷。

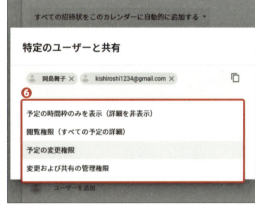

任意の権限（ここでは、<予定の変更権限>）をクリックし❻、共有するユーザーに与えるアクセス権限を選択します。

「特定のユーザーとの共有」で<ユーザーを追加>をクリックします❸。

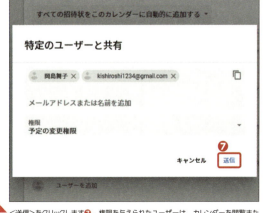

<送信>をクリックします❼。権限を与えられたユーザーは、カレンダーを閲覧または変更できるようになります。

> P.080の117手順❶〜❷を参考に設定画面を表示し、<世界時計>→<世界時計を表示する>→<タイムゾーンの追加>の順にクリックし、任意のタイムゾーンを選択すると、月のカレンダーの下に選択したタイムゾーンの時刻が表示されるようになります。

127 リマインダーを登録しよう

リマインダーとは、登録したタスクについて知らせるアラーム機能です。繰り返し設定をすれば、その予定を完了とするか削除するまで、繰り返し通知をすることもできます。なお、リマインダーはほかのユーザーと共有することはできません。

●リマインダーの通知と完了

リマインダーを登録する日や時間帯→＜リマインダー＞の順にクリックします❶。

タイトルを入力し❷、保存をクリックします❸。

設定した時間になると、ポップアップで通知が表示されます。＜OK＞をクリックします❹。

リマインダーを右クリックし❺、＜完了とする＞をクリックします❻。

●繰り返し設定をする

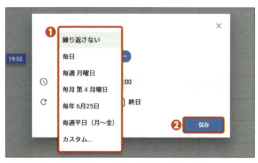

手順❷の画面で＜繰り返さない＞→任意の間隔❶→＜保存＞の順にクリックすると❷、通知を繰り返す設定をすることができます。

●リマインダーを削除する

リマインダーを削除するには、削除するリマインダーを右クリックし❶、＜削除＞をクリックします❷。

 ✿→＜密度と色＞の順にクリックすると、カレンダーの密度や色を設定することができます。密度は、初期設定では「画面に合わせて自動調整」になっており、「最小」に変更できます。色は、初期設定では「モダン（テキスト：白色）」になっており、「クラシック（テキスト：黒色）」に変更できます。

128 スマートフォンでGoogleカレンダーを使おう

スマートフォンで Google カレンダーを利用すれば、いつでもどこでもスケジュールを管理したり、確認したりできるようになります。スマートフォンでもWebブラウザを利用して Google カレンダーへアクセスすることができますが、「Google カレンダー」アプリを利用すると便利です。Google カレンダーアプリは、Android スマートフォンにプリインストールされています。

ホーム画面やアプリ一覧で＜カレンダー＞をタップします❶。

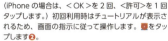

(iPhone の場合は、＜OK＞を2回、＜許可＞を1回タップします。)初回利用時はチュートリアルが表示されるため、画面の指示に従って操作します。❷をタップします❷。

予定やリマインダー、「ゴール」を作成できます。

129 iPhoneの「カレンダー」アプリでGoogleカレンダーを表示しよう

P.018の008を参考に、iPhoneにGoogleアカウントを登録しiPhoneの「カレンダー」アプリと同期することで、iPhoneからGoogleカレンダーの予定を見たり追加したりすることができます。

ホーム画面で＜カレンダー＞をタップします❶。

Googleカレンダーに登録した予定が表示されます。＋をタップします❷。

タイトルや場所、開始日時などを編集します❸。＜カレンダー＞をタップします❹。

Gmail アドレスをタップします❺。

予定出席者や通知、予備の通知や表示方法を選択し❻、＜追加＞をタップします❼。

予定が追加され、Googleカレンダーにも登録されます。

 ゴールとは、「Google カレンダー」アプリでのみ作成できる機能です。運動や学習、整理整頓のため予定を、ユーザーのスケジュールを考慮しつつ、随時自動的に設定します。頻度や時間帯などは、自分でカスタマイズできます。

130 スマートフォンでリマインダーを管理しよう

スマートフォンでリマインダーを管理することで、より効果的にリマインダーを利用できるようになります。スマートフォンで、リマインダーを登録、完了、削除する方法や繰り返し設定をする方法を説明します。

●リマインダーを登録する

P.087の128右の画面で<リマインダー>をタップし、タイトルを入力し❶、<終日>をタップしてオフにし❷、日付を選択して❸、時刻をタップします❹。

時刻を選択し❺、<OK>をタップします❻（iPhoneでは画面が異なります）。

<保存>をタップします❼。

設定した時間になると、通知が届くのでタップします❽。

<完了とする>をタップします❾。

リマインダーが「完了済み」になります。

●繰り返し設定をする   ●リマインダーを削除する

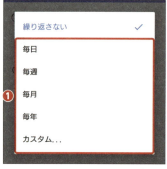  

「リマインダーを登録する」の手順❶の画面で<繰り返さない>→任意の間隔❶→<保存>の順にタップします。

（iPhoneの場合は）をタップします❶。

<削除>をタップします❷。

> 「Googleカレンダー」アプリでカレンダーの表示形式を変更するには、トップ画面で≡をタップし、メニューを表示し、<日>（iPhoneでは<1日>）や<3日>、<月>をタップします。

Google Drive

Google ドライブで
ファイルを管理しよう

Google ドライブは、無料で使えるオンラインストレージサービスです。さまざまな形式のファイルを保管できるだけでなく、ドキュメントやスプレッドシートなどを作成することもできます。

131 Googleドライブの基本と画面構成を知ろう

Google ドライブは、Google が提供するオンラインストレージサービスです。無料で15GB の容量を使用することができ、写真や文書、音楽、動画など、幅広い形式のファイルをオンラインストレージ上に保管することができます。ほかの Google サービスと同様、家族や仕事仲間、友達などのユーザーとスムーズに共有や共同編集を行うことが可能です。また、スプレッドシートやスライド、フォームなどを作成し、保存することもできます。ここでは、Google ドライブへのアクセス方法と、画面構成を紹介します。

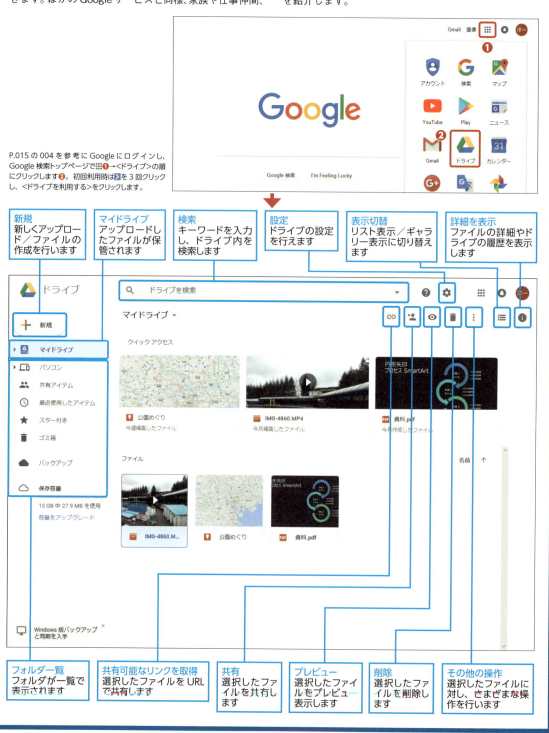

P.015 の 004 を参考に Google にログインし、Google 検索トップページで ❶→<ドライブ>の順にクリックします❷。初回利用時は 3 回クリックし、<ドライブを利用する>をクリックします。

Googleドライブは 15GBまで無料で使えますが、容量が足りない場合は月額または年額料金のプレミアムプランを利用することもできます。100GB／月 250 円、1TB／月 1,300 円、10TB／月 13,000 円のプランがあります。

132 Googleドライブにファイルを保存しよう

Google ドライブにファイルを保存するには、パソコン内のファイルを Google ドライブへアップロードします。アップロードとは、パソコン内のファイルをインターネット上のサーバーへ転送することです。ここでは、ファイルの保存方法を2種類紹介します。Google ドライブからも、パソコンからもアップロードが可能です。

●Googleドライブからアップロード

＜新規＞❶→＜ファイルのアップロード＞の順にクリックします❷。アップロードするファイルをクリックして選択し、＜開く＞をクリックすると、ファイルがアップロードされます。

●エクスプローラーからアップロード

パソコンのエクスプローラーから、ファイルを Google ドライブ画面上までドラッグ＆ドロップすると❶、ファイルがアップロードされます。

133 Googleドライブのファイルを閲覧しよう

ファイルを閲覧したい場合は、ファイルをダブルクリックします。Google ドライブで作成したファイルの場合は、編集画面が表示され、それ以外のファイルではプレビュー表示されます。そのほか、ファイルをクリックして選択したときに表示される◉をクリックすることでも、プレビューが表示されます。

閲覧するファイルをダブルクリックします❶。

ファイルが表示されます。プレビュー表示の場合は、←をクリックすると❷、前の画面へ戻ります。

Google ドライブは、ZIP や RAR などのアーカイブファイル、MP3 などのオーディオファイル、JPEG や PNG、GIF などの画像ファイル、CSS や HTML などのコードファイル、テキストファイル、動画ファイルなどのほか、Adobe ファイルや Office ファイルなどを扱うことができます。詳しくは、「https://support.google.com/drive/answer/37603」を参照してください。

091

134 ファイルをフォルダで整理しよう

ファイルを利用しやすくするためには、フォルダを活用してドライブ内を整理します。新しいフォルダを作成したい場所を表示し、右クリックすることで、作成することができます。

フォルダを作成したい場所で右クリックし、<新しいフォルダ>をクリックします❶。フォルダ名を入力し❷、<作成>をクリックします❸。

135 ファイルをスターで整理しよう

よく利用するファイルや重要なファイルには、スターを付けておきます。スターを付けておくことで、「スター付き」に振り分けられ、すぐにアクセスできるようになります。

スターを付けるファイルを右クリックし、<スターを付ける>をクリックします❶。<スター付き>をクリックすると❷、スター付きファイルのみ表示されます。

136 ファイルを移動しよう

134で作成したフォルダに、ファイルを移動して振り分けて整理しましょう。ここでは、ファイルを右クリックして移動する方法と、ファイルをフォルダへ直接ドラッグ＆ドロップして移動する方法を紹介します。

●右クリックして移動

移動するファイルを右クリックし❶、<移動>をクリックします❷。

●ドラッグ＆ドロップして移動

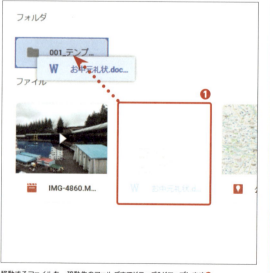

移動するファイルを、移動先のフォルダまでドラッグ＆ドロップします❶。

 134のように、フォルダ名の頭に連番を付けておくと、フォルダが番号順に並びます。なお、フォルダー覧の右上の<名前>をクリックすると、並び順を最終更新順などに変更できます。

137 ファイルをパソコンと同期しよう

「バックアップと同期」というソフトをインストールすると、パソコンに保存されているデータをGoogleドライブと同期することができます。✿→＜Windows版バックアップと同期をダウンロード＞の順にクリックし、画面の指示に従いダウンロードしてインストールします。パソコンに「Googleドライブ」というフォルダが作成され、Googleドライブの「マイドライブ」と同期されるようになります。

「バックアップと同期」を起動し、Googleアカウントでログインしたあと、＜OK＞をクリックします。Googleドライブに継続的にバックアップするフォルダのチェックボックスをクリックしてチェックを付け❶、写真と動画のアップロードサイズを選択し❷、写真と動画をGoogleフォトへアップロードする場合は、「Googleフォト」のチェックボックスをクリックしてチェックを付けます❸。＜次へ＞をクリックし❹、画面の指示に従って操作すると、「Googleドライブ」フォルダが作成されます。

138 OfficeファイルをGoogleドライブで編集しよう

Googleドライブに保管したOfficeファイルは、そのままGoogleドライブ上で編集することができます。保存の操作は必要なく、編集後は自動的に保存されるようになっています。なお、Officeファイルの場合、編集したファイルはGoogle形式のファイルに変換され、別途保存されます。

Officeファイルを右クリックし❶、＜アプリで開く＞にマウスポインターを合わせ❷、＜Google ○○＞をクリックします❸。

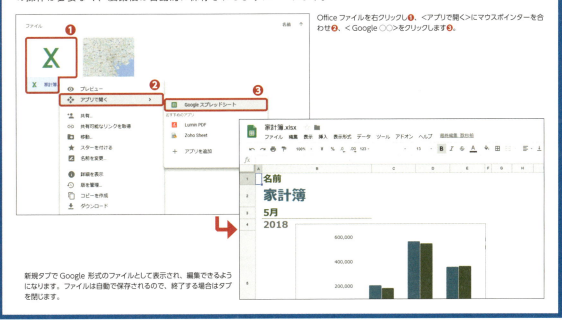

新規タブでGoogle形式のファイルとして表示され、編集できるようになります。ファイルは自動で保存されるので、終了する場合はタブを閉じます。

> 137の「バックアップと同期」では、手順❶で指定したフォルダのバックアップをGoogleドライブに保存することができます。バックアップされたデータは、Googleドライブの＜パソコン＞→＜マイパソコン＞の順にクリックすると確認することができます。

093

139 テンプレートを使ってファイルを新規作成しよう

GoogleドキュメントやGoogleスプレッドシート、Googleスライド、Googleフォームには、テンプレートが用意されています。これらを使うことで、履歴書やプレゼンテーション、イベント出席確認などを、短い時間で作成することができます。

テンプレートを利用するには、Google ドライブトップページで＜新規＞をクリックし、各ソフトウェアの＞にマウスポインターを合わせ、＜テンプレートから＞をクリックします。

＜新規＞をクリックし、各ソフトウェアの＞にマウスポインターを合わせ❶、＜テンプレートから＞をクリックします❷。

テンプレートが表示されます。クリックすると、ファイルが新規作成されます。

140 ファイルをOfficeファイルに変換してダウンロードしよう

Googleドライブ上にあるGoogleドキュメントやGoogleスプレッドシートなどのファイルを、Office 形式のファイルへ変換してダウンロードすることができます。

Office 形式への変換以外にも、PDF ドキュメント、Webページ、JPEG 画像などへの変換を行うことも可能です。変換できる形式は、ファイルにより異なります。

Google 形式のファイルを開き、＜ファイル＞をクリックし❶、＜形式を指定してダウンロード＞にマウスポインターを合わせ❷、Office ファイル（ここでは＜Microsoft Word（.docx）＞）をクリックします❸。

＜保存＞をクリックします❹。

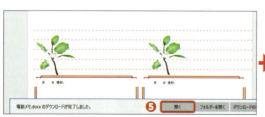

＜開く＞をクリックします❺。

Office ファイルに変換されます。

Google ドキュメントや Google スプレッドシート、Google スライド、Google フォームなどは、Googleが提供するオフィスソフトウェアサービスです。詳しくは、P.098〜101 で紹介します。Google ドライブでは、これらのほかにも、Google 図形描画、Google マイマップ、Google サイトが利用できます。

141 ファイル名を変更しよう

ファイルを右クリックし、＜名前を変更...＞をクリックすると、ファイル名を変更することができます。

ファイルを右クリックし❶、＜名前を変更...＞をクリック❷、新しいファイル名を入力し❸、＜OK＞をクリックします❹。

142 ファイルの変更履歴を確認しよう

ファイルを右クリックし、＜詳細を表示＞をクリックすると、ファイルのアップロードや移動の履歴を見ることができます。また、＜版を管理...＞が表示されるファイルは、ファイルを過去の版（30日以内）に戻すことができます。

ファイルを右クリックし、＜詳細を表示＞をクリックすると❶、ファイルの変更履歴が表示されます。

143 画像やPDFの文字をOCR機能でテキストにしよう

OCRとは、印刷物や名刺などの文字を読み取り、テキストデータに変換する機能のことです。GoogleドライブにはOCR機能があり、文字の書かれた画像やPDFの文字をGoogleドキュメントを用いてテキスト化することが可能です。PDFの書類や画像などをテキストデータ化して管理する際に活用できます。

PDFファイルや画像ファイルを右クリックし❶、＜アプリで開く＞にマウスポインターを合わせ❷、＜Googleドキュメント＞をクリックします❸。

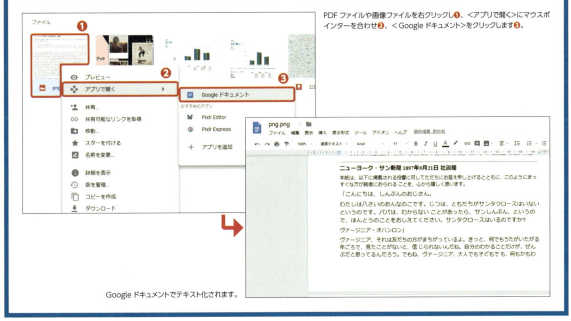

Googleドキュメントでテキスト化されます。

OCR機能によってテキスト化された文書は、場合によってはうまく読み取れなかったり、間違いがあったりするため、必要に応じて修正してください。

144 ファイルを職場の仲間と共有しよう

ファイルをメールで何度もやり取りする場面や、複数人でファイルを同時に編集したい場面では、ファイルの共有を行うと便利です。共有したいファイル→👤の順にクリックし、設定を行います。

●ユーザーを追加して共有する

共有したいファイル❶→👤の順にクリックします❷。

ユーザーのメールアドレスを入力し❸、✏️❹→任意の権限❺→＜送信＞の順にクリックします❻。

●共有するユーザーを削除する

共有したいファイル→👤→＜詳細設定＞の順にクリックします❶。

削除したいユーザーの✕❷→＜変更を保存＞の順にクリックします。

●リンクで共有する

共有したいファイル→👤→∞の順にクリックし❶、●にすると、リンクを知っているユーザー全員がファイルを閲覧できるようになります。

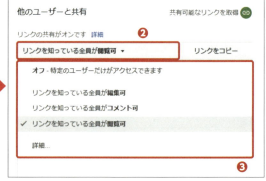

＜リンクを知っている全員が閲覧可＞をクリックすると❷、ユーザーの権限を選択できます。任意の権限❸→＜完了＞の順にクリックします。

共有時に権限の設定をすると、共有されたユーザーがファイルを編集したり、コメントしたりできるようになります。なお、Googleアカウントを持っていない相手と共有した場合、相手側はファイルの閲覧のみ可能です。

145 アップロードしたファイルを削除しよう

Googleドライブにアップロードしたファイルを削除するには、ファイルをクリックし、🗑をクリックします。削除してすぐであれば、＜元に戻す＞をクリックして削除を取り消すことができます。削除したファイルは「ゴミ箱」へ移動します。ゴミ箱では、ファイルを完全に削除したり、復元したりすることができます。

●ファイルを削除する

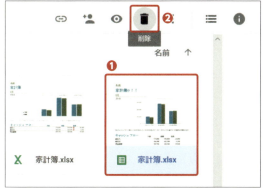

削除したいファイル❶→🗑❷の順にクリックします。

●ファイルを完全に削除／復元する

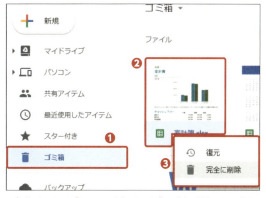

＜ゴミ箱＞をクリックし❶、ファイルを右クリックし❷、＜完全に削除＞または＜復元＞をクリックします❸。

146 ファイルをきれいに印刷しよう

ファイルを印刷する方法は、印刷するファイルの形式によって複数あります。ここでは、プレビューを表示し、🖶をクリックして印刷する方法を紹介します。

ファイルを右クリックし❶、＜プレビュー＞をクリックします❷。

🖶をクリックします❸。

🖶をクリックします❹。

＜印刷＞をクリックすると❺、印刷されます。

> ファイルによっては、プレビューから印刷できない場合があります。その場合は、Webブラウザの印刷機能を用いる方法や、アプリでファイルを開いてから印刷する方法で印刷してください。

147 Googleドキュメントの使い方を知ろう

Googleドキュメントとは、Webブラウザ上で文字入力をしたり、文書を作成したりすることができるソフトウェアです。Googleドキュメントで作成したファイルは、P.094の140で紹介した方法で、Microsoft Word形式へ変換することができます。

ここでは、Googleドキュメントの基本的な使い方を説明します。なお、Googleドキュメントで編集したファイルは、変更のたびにGoogleドライブ上へ自動保存されます。

●Googleドキュメントを新規作成する

<新規>→<Googleドキュメント>の順にクリックします❶。

●ファイル名を変更する

Googleドキュメントファイルを開き、<無題のドキュメント>をクリックし、ファイル名を入力します❶。

●フォントサイズを変更する

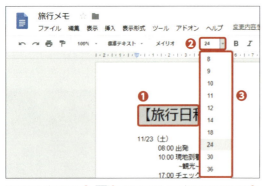

文字をドラッグして選択し❶、 ❷→任意のフォントサイズの順にクリックします❸。

●文章の配置を変更する

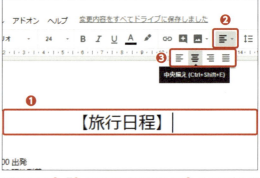

段落をクリックし❶、 ❷→任意の配置の順にクリックします❸。アイコンは左から順に、左揃え、中央揃え、右揃え、両端揃えを意味しています。

●画像を挿入する

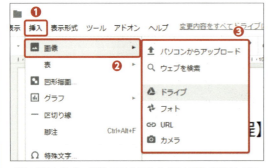

<挿入>をクリックし❶、<画像>にマウスポインターを合わせ❷、任意のアップロード元をクリックします❸。<ウェブを検索>をクリックすると、Web上の画像を挿入することができます。

●画像の配置を変更する

画像をクリックして選択し❶、任意の配置をクリックします❷。

Googleドキュメントで<ツール>→<辞書>の順にクリックし、キーワードを入力すると、辞書を使用して単語の意味や類義語を検索することができます。

148 Googleスプレッドシートの使い方を知ろう

Googleスプレッドシートとは、Webブラウザ上で表やグラフを作成したり、計算をしたりすることができる表計算ソフトウェアです。
ここでは、Googleスプレッドシートの基本的な使い方を説明します。P.094の139で紹介したように、テンプレートを使用すると、あらかじめ用意された表や関数、グラフを利用して作成することも可能です。

●Googleスプレッドシートを新規作成する

＜新規＞→＜Googleスプレッドシート＞の順にクリックします❶。

●表に罫線を引く

罫線を引きたいセルをドラッグして選択します。田❶→任意の罫線をクリックします❷。

●セル幅を変更する

調整したいセルの列見出しの右端を左右にドラッグします❶。ダブルクリックすると、セル幅を自動調整します。

●表からグラフを作成する

グラフを表示したいデータ範囲をドラッグして選択し、＜挿入＞❶→＜グラフ＞の順にクリックします❷。

●合計を求める関数を挿入する

関数を挿入したいセルをクリックし❶、•••❷→Σ❸→＜SUM＞の順にクリックします❹。　合計するセル範囲をドラッグして選択し❺、Enterキーを押します。

 図形を挿入したいときは、Google図形描画が便利です。Googleスプレッドシートで＜挿入＞→＜図形描画＞の順にクリックすることで、図形を描画することができます。

149 Googleスライドの使い方を知ろう

Google スライドとは、Web ブラウザ上でスライドやプレゼンテーション資料を作成することができるソフトウェアです。フォントをカスタマイズしたり、「テーマ」というあらかじめデザインされた様式を利用したりすることで、わかりやすく見やすいスライドを作成することができます。
ここでは、Google スライドの基本的な使い方を説明します。

●Google スライドを新規作成する

<新規>→< Google スライド>の順にクリックします❶。

●テーマを利用する

「テーマ」で任意のテーマをクリックします❶。❌をクリックすると❷、サイドバーが閉じます。

●新しいスライドを追加する

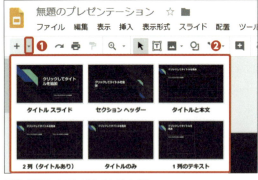

▼❶→任意のレイアウトの順にクリックします❷。

●プレゼンテーションを開始する

<プレゼンテーションを開始>をクリックすると❶、全画面で表示されます。Esc キーを押すと終了します。

●配布資料を印刷する

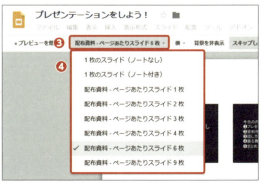

<ファイル>❶→<印刷設定とプレビュー>の順にクリックします❷。

「プレビューを閉じる」の右隣（初期設定では<１枚のスライド（ノートなし）>）❸→任意のレイアウト❹→<印刷>の順にクリックします 。

149 の「配布資料を印刷する」手順❸の画面で<横>→<縦>の順にクリックすると、用紙の向きを縦に変更できます。

100

150 Googleフォームの使い方を知ろう

Googleフォームとは、Webブラウザ上でアンケートやテストなどを作成し、集計することができるソフトウェアです。

ここでは、Googleフォームでアンケートを作成する基本的な方法や流れを説明します。

<新規>をクリックします。<その他>にマウスポインターを合わせ❶、<Googleフォーム>をクリックします❷。

フォームの作成が完了したら、<送信>をクリックします❿。

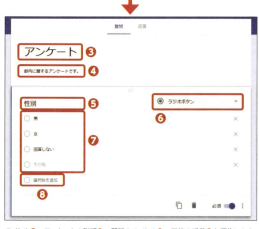

タイトル❸、アンケートの説明❹、質問のタイトル❺、回答の手段❻を編集します。回答の手段がラジオボタンの場合、選択肢を入力します❼。<選択肢を追加>をクリックして選択肢を追加します❽。

メールアドレスを入力し⓫、<送信>をクリックします⓬。

質問を増やすには、⊕をクリックし❾、手順❺～❽を参考に質問を編集します。

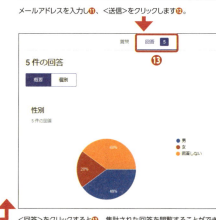

<回答>をクリックすると⓭、集計された回答を閲覧することができます。

> Googleフォームで作成したフォームは、Googleアカウントを持っていない人でも回答することができます。ただし、設定画面で「回答を1回に制限する」にチェックを付けている場合、Googleアカウントでログインしていないと回答することができません。

151 スマートフォンでGoogleドライブを使おう

スマートフォンの「Google ドライブ」アプリを利用すると、スマートフォン内のファイルをアップロードしたり、出先から Google ドライブ内のファイルを閲覧したりすることができます。iPhone の場合は、「App Store」から「Google ドライブ」アプリをインストールする必要があります。

ホーム画面やアプリ一覧で、＜ドライブ＞をタップします❶。

初回起動時はチュートリアルが表示されるため、＜スキップ＞をタップします。➕をタップします❷。

＜アップロード＞をタップすると❸、スマートフォン内のファイルをアップロードすることができます。

152 Googleドキュメントなどのアプリを使おう

「Google ドキュメント」アプリや「Google スプレッドシート」アプリ、「Google スライド」アプリなどを利用すると、スマートフォンからファイルを新規作成したり、Google ドライブ内のファイルを編集したりすることができます。ここでは、「Google ドキュメント」アプリでファイルを編集する方法を説明します。iPhone の場合は、「App Store」から各アプリをインストールする必要があります。

ホーム画面やアプリ一覧で、＜ドキュメント＞をタップします❶。

初回起動時はチュートリアルが表示されるため、＜スキップ＞をタップします。任意のファイルをタップします❷。

✎をタップすると❸、ファイルを編集することができます。

151 手順❸の画面で＜スキャン＞をタップすると、カメラが起動し、名刺や資料などの印刷物をスキャンし、PDF ファイルとして保存することができます。iPhone では＜カメラを使用＞をタップし、画像ファイルとして保存できます。

Google Photos

Chapter 7

Googleフォトで
写真を整理しよう

Googleフォトは、写真・動画管理専用のオンラインストレージサービスです。自動整理機能や充実した検索機能で、写真や動画を快適に管理することができます。また、スライドショーやコラージュ作成などの機能も楽しめます。

153 Googleフォトの基本と画面構成を知ろう

Google フォトは、Google が提供する写真・動画管理専用のオンラインストレージサービスです。ここでは、Google フォトへのアクセス方法と、「フォト」画面の画面構成を紹介します。

初期設定では、ファイルのアップロードサイズは、高画質ファイルが自動縮小される「高画質」に設定されており、無料で無制限にファイルを保管することができます。≡→＜設定＞の順にクリックし、「アップロードサイズ」で＜元のサイズ＞をクリックして選択すると、そのままのサイズで保存することができますが、画質が特定の条件より高い場合、保存容量を消費します。Gmail や Google ドライブの容量とあわせて、15GB まで無料で利用できます。

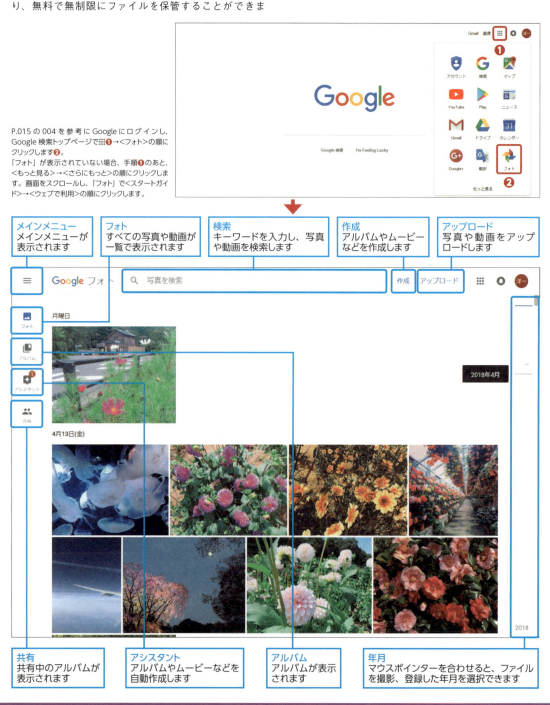

P.015 の 004 を参考に Google にログインし、Google 検索トップページで❶→＜フォト＞の順にクリックします❷。
「フォト」が表示されていない場合、手順❶のあと、＜もっと見る＞→＜さらにもっと＞の順にクリックします。画面をスクロールし、「フォト」で＜スタートガイド＞→＜ウェブで利用＞の順にクリックします。

メインメニュー メインメニューが表示されます
フォト すべての写真や動画が一覧で表示されます
検索 キーワードを入力し、写真や動画を検索します
作成 アルバムやムービーなどを作成します
アップロード 写真や動画をアップロードします
共有 共有中のアルバムが表示されます
アシスタント アルバムやムービーなどを自動作成します
アルバム アルバムが表示されます
年月 マウスポインターを合わせると、ファイルを撮影、登録した年月を選択できます

> アップロードサイズを「高画質」に設定していると、写真の画素数が 16MP（1,600 万画素）を上回る場合、16MP に縮小されて保存されます。動画の解像度が 1080p（フル HD サイズ）を上回る場合、1080p に縮小されて保存されます。アップロードサイズを「元のサイズ」に設定していると、16MP を上回る画素数の写真、1080p を上回る解像度の動画を保存した際、保存容量を消費します。

154 Googleフォトに写真を保存しよう

Googleフォトに写真や動画を保存するには、パソコン内の写真や動画ファイルをGoogleフォトへアップロードします。＜アップロード＞をクリックし、エクスプローラーのファイルを選択し、＜開く＞をクリックすると、アップロードされます。

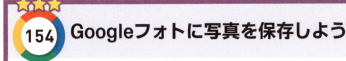

＜アップロード＞をクリックします❶。

保存したい写真をクリックして選択し❷、＜開く＞をクリックします❸。ファイルをGoogleフォト画面上までドラッグしても、同様にアップロードされます。

155 保存した写真を閲覧しよう

「フォト」画面で保存した写真をクリックすると、大きな画面で閲覧することができます。写真の閲覧画面で、画面の左右をクリックすると前後の写真を表示できます。 をクリックすると写真の情報を表示できます。をクリックすると、もとの画面へ戻ります。

閲覧するファイルをクリックします❶。

ファイルが表示されます。をクリックすると❷、もとの画面に戻ります。

> **G** パソコン内の写真や動画ファイルを自動バックアップしたいときは、Googleドライブから「バックアップと同期」をインストールし、Googleフォトで≡→＜設定＞→「Googleドライブ」の ≡→＜同期＞の順にクリックすると、Googleドライブを通して写真や動画が自動バックアップされます。「バックアップと同期」の詳細については、P.093の137を参照してください。

105

156 名前や撮影場所で写真を検索しよう

Googleフォトでは、保存された写真を被写体や撮影日時などで自動的に分類しています。
検索ボックスに「花」や「2018年」などのキーワードを入力して Enter キーを押すと、キーワードにあてはまる写真を検索することができます。また、写真に位置情報が含まれている場合、写真を撮影場所で検索することもできます。なお、大量に写真を保存した場合、自動分類が終わるまで日数がかかることがあります。

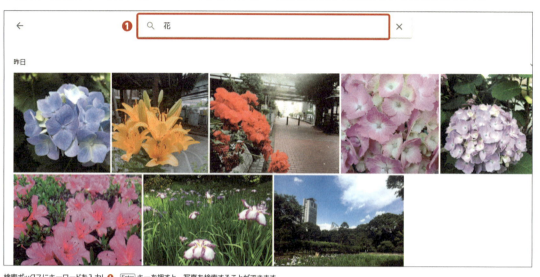

検索ボックスにキーワードを入力し❶、Enter キーを押すと、写真を検索することができます。

157 気に入った写真をダウンロードしよう

Googleフォト上の気に入った写真をパソコンにダウンロードすることもできます。写真を表示し、■をクリックして「その他のオプション」を表示し、＜ダウンロード＞をクリックします。

P.105の155を参考にダウンロードする写真を表示し、■❶→＜ダウンロード＞の順にクリックします。

158 不要な写真を削除しよう

不要になった写真を削除するには、写真を表示し、■→＜ゴミ箱に移動＞の順にクリックして、ゴミ箱へ移動します。ゴミ箱内の写真は、60日後に完全に削除されます。

P.105の155を参考に削除する写真を表示し、■❶→＜ゴミ箱に移動＞の順にクリックします。

キーワード検索では、さまざまな言葉を入力して検索することができます。たとえば、「海」、「空」などの風景や、「青」、「赤」などといった写真の色、「クリスマス」や「夕方」などのイベント名や季節、時間帯を表すキーワードなどで検索することができます。

159 検索結果から漏れた写真を追加しよう

P.106の156のようにキーワードを入力して検索すると、まれに検索結果から漏れてしまう写真があります。そのような写真は、説明を追加することで検索結果に表示されるようになります。写真の説明を追加するには、写真を表示して[i]をクリックし、説明を入力します。

P.105の155を参考に写真を表示し、[i]をクリックし❶、説明を入力します❷。

160 タイムスタンプを修正しよう

Googleフォトでは、写真や動画を撮影した日時を変更することができます。日時を変更したいファイルを選択し、[:]をクリックして「その他のオプション」を表示し、＜日時を編集＞をクリックします。ここでは、複数の写真の日時を一括して変更する方法を説明します。

タイムスタンプを修正したい写真にマウスポインターを合わせ、✓をクリックして選択し❶、[:]→＜日時を編集＞❷→任意の設定（ここでは＜同じ日時を設定＞）の順にクリックします❸。

日時を選択し❹、＜保存＞をクリックします❺。

写真をアーカイブするには、P.105の155を参考にアーカイブしたい写真を表示し、[:]→＜アーカイブ＞の順にクリックします。アーカイブされた写真は「フォト」画面に表示されなくなりますが、[:]→＜アーカイブ＞の順にクリックすると、閲覧することができます。また、アルバムや検索結果にも表示されます。

161 アルバムを作成して整理しよう

写真をアルバムに分類して整理しましょう。アルバム内の写真は、並べ替えたり地図やテキストを追加したりすることができます。＜作成＞→＜アルバム＞の順にクリックし、アルバムに追加する写真を選択し、＜作成＞をクリックします。アルバム名を入力し、✓をクリックすると、アルバムが作成されます。

●アルバムを作成する

＜作成＞をクリックします❶。

＜アルバム＞をクリックします❷。

写真をクリックして選択し❸、＜作成＞をクリックします❹。

アルバム名を入力し❺、✓をクリックします❻。

●アルバムを閲覧する

＜アルバム＞❶→任意のアルバムの順にクリックします❷。

●アルバムに写真を追加する

写真にマウスポインターを合わせ、✓をクリックして選択し❶、＋❷→＜アルバム＞→任意のアルバムの順にクリックします。

 アルバムのカバー写真を変更するには、161の「アルバムを閲覧する」を参考にアルバムを表示し、⋮→＜アルバムカバーを設定＞の順にクリックします。

162 アルバムをスライドショーで再生しよう

スライドショーとは、作成したアルバムの写真を自動で次々と表示する機能です。旅行の思い出を振り返ったり、イベントの出し物にしたりしたいときに楽しめる機能です。アルバムを表示し、︙→＜スライドショー＞の順にクリックすると、スライドショーの画面へ切り替わります。終了するには▣をクリックします。

P.108の161を参考にアルバムを表示し、︙をクリックします❶。

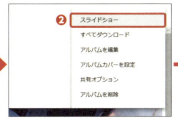
＜スライドショー＞をクリックします❷。

スライドショーが開始されます。

163 人物写真にラベルを付けて検索しよう

Googleフォトでは、フェイスグルーピングによって、写真に写っている人物を識別し分類することができます。分類された人物の写真にラベルを付けることで、検索ボックスで人物別に検索することができるようになります。なお、人物を識別するには、その人物の写真を複数アップロードする必要があります。

検索ボックス❶→人物のアイコンの順にクリックします❷。

＜名前を追加＞をクリックします❸。

名前を入力し❹、＜完了＞をクリックします❺。

登録した名前を検索ボックスへ入力し[Enter]キーを押すと❻、その人物の写真が検索されます。

 写真の左上の☑をクリックして複数選択し、▣→＜アニメーション＞の順にクリックすると、写真がコマ送りで再生されるGIFアニメーションが作成されます。

164 写真を友だちと共有しよう

Googleフォトにアップロードした写真や動画、アルバムは、複数の方法で共有することができます。■をクリックし、メールアドレスを入力して■をクリックすると、すばやくメールで共有することができます。また、SNSで共有したり、写真のURLを取得して配布することも可能です。ここでは、メールで写真のURLを送信して共有する方法を紹介します。

●写真を共有する

P.105の155を参考に共有したい写真を表示し、■をクリックします❶。

メールアドレスを入力、または選択します❷。

■をクリックすると❸、Gmailが送信されます。

●アルバムを共有する

P.108の161を参考に共有したいアルバムを表示し、■をクリックします❶。以降は、上記の 手順❷〜❸と同様に操作します。

> 自分が共有したアルバムや、ほかのユーザーが共有したアルバムの写真には、コメントをしたり「いいね」を付けたりすることができます。

165 写真を自動で補正しよう

Googleフォトには、自動で写真を補正する機能や、編集する機能があります。写真を明るくしたいときや、雰囲気を変えたいときに活用しましょう。補正したい写真を表示し、🎛→＜自動＞→＜完了＞の順にクリックすると、写真を自動補正することができます。

P.105の155を参考に補正したい写真を表示し、🎛をクリックし❶、編集画面を表示します。

＜自動＞❷→＜完了＞❸の順にクリックします。なお、画像をクリックしマウスボタンを押したままにしておくと、もとの画像と比較することができます。

166 写真をトリミングしよう

トリミングとは、写真の不要な部分を切り抜いて構図を整えることです。165を参考に編集画面を表示し、🖼をクリックし、写真の縁をドラッグしてトリミングする範囲を指定し、＜完了＞を2回クリックすることで写真のトリミングを行うことができます。編集完了後も、編集前の写真データが保存されているため、編集画面で＜編集を元に戻す＞をクリックすると、もとの写真に戻すことが可能です。

165を参考に編集画面を表示し、🖼をクリックします❶。

縁をドラッグし❷、トリミング範囲を指定します。＜完了＞❸→＜完了＞の順にクリックすると、編集が終了します。

 165や166で紹介した機能以外にも、さまざまな写真編集機能があります。明るさ、色の調整やフィルタ機能、画像の回転や傾き調整などを行えます。

167 スマートフォンでGoogleフォトを使おう

スマートフォンで「Google フォト」アプリを利用すれば、スマートフォンで撮影した写真をスムーズに閲覧したり、整理したりすることができます。また、P.113 では、スマートフォン内の写真を Google フォトに自動でバックアップする方法を紹介します。なお、iPhone では「App Store」から「Google フォト」アプリをインストールする必要があります。

●「Googleフォト」アプリで写真を閲覧／削除する

ホーム画面やアプリ一覧で＜フォト＞をタップします❶。

Google フォトの「フォト」画面が表示されます。初回利用時はチュートリアルや設定画面が表示されるので、画面の指示に従って操作します。任意の写真をタップします❷。

写真が表示されます。❸→＜ゴミ箱に移動＞の順にタップすると、写真が削除されます。

●写真をお気に入りに追加する

「『Google フォト』アプリで写真を閲覧する」を参考に写真を表示し、☆をタップします❶。

初回はポップアップが表示されます。＜お気に入りを表示＞をタップします❷。

お気に入りに追加した写真が表示されます。←をタップすると❸、前の画面に戻ります。

 「お気に入り」に追加した写真は、＜アルバム＞→＜お気に入り＞の順にタップすることで見ることができます。

168 スマートフォンの写真を自動でバックアップしよう

スマートフォンで撮影した写真や動画を、Googleフォトに自動でバックアップしましょう。バックアップをしておくと、スマートフォンの故障や紛失などの万が一に備え、写真や動画を安全に保管しておくことができます。また、P.114の170で紹介する方法で、スマートフォンの空き容量を増やすこともできます。

ここでは、自動バックアップをオンにする方法を紹介します。この設定は「Googleフォト」アプリを初めて利用するときにも、設定を行うことができます。

P.112の167を参考に、Googleフォトを起動します。≡をタップしてメニューを表示します❶。

<設定>（iPhoneでは⚙）をタップします❷。

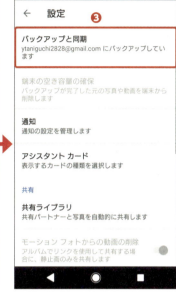

<バックアップと同期>をタップします❸。

「バックアップと同期」で をタップして❹、 にします。

画面をスクロールし、「モバイルデータ通信でのバックアップ」の設定を行います（ここではオフ）❺。←（iPhoneでは<）を2回タップし❻、「フォト」画面に戻ります。

設定した条件のとき、バックアップが開始されます。

スマートフォンでGoogleフォトにバックアップした写真は、パソコンのWebブラウザのGoogleフォトからも見ることができます。逆に、パソコンでアップロードした写真をスマートフォンのGoogleフォトで見ることができます。データは同期されているので、どちらかで写真を削除したり編集したりすると、その内容がもう一方の端末でも反映されます。

169 スマートフォンで写真を共有しよう

スマートフォンで写真を共有するには、共有する写真を表示し、<（iPhoneの場合は⬆）をタップします。写真はGoogleフォトの新規共有アルバムに登録されます。

写真を表示し、<（iPhoneの場合は⬆）をタップします❶。Androidスマートフォンの場合は初回共有時は<許可>をタップします。

共有する写真をタップして選択し❷、任意の連絡先をタップします❸。

<送信>をタップします❹。

170 写真を削除してスマートフォンの空き容量を増やそう

Googleアカウントにバックアップされているファイルを、スマートフォン内から削除することで、端末の空き容量を増やすことができます。メニューを表示し、<空き容量を増やす>をタップすると、Googleフォトにアップロードされているファイルと、されていないファイルを、Googleフォトが自動的に検出して削除します。

 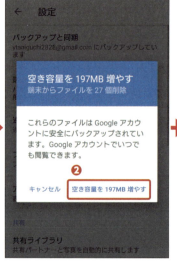 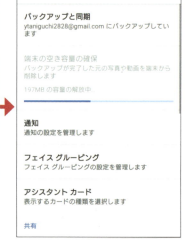

P.113の168を参考にメニューを表示します。<空き容量を増やす>をタップします❶。

<空き容量を○○MB増やす>をタップします❷。

Googleフォトにバックアップ済みのファイルがスマートフォンから削除されます。

 iPhoneでは、写真の撮影日時を変更することができます。P.112の167を参考に写真を表示し、■→<情報>→撮影日時の順にタップし、撮影年月日や時刻を入力し、<完了>→<保存>の順にタップすると、撮影日時が変更されます。

YouTube

YouTubeの動画を楽しもう

YouTubeは、全世界で約10億人以上のユーザーが利用する世界最大の動画共有サービスです。作成したGoogleアカウントをYouTube上でも活用し、世界中の人とさまざまな交流をしてみましょう。

171 YouTubeの基本と画面構成を知ろう

YouTubeは、Googleが提供する世界最大の動画共有サービスです。世界中のユーザーが投稿した動画を無料で視聴することはもちろん、自分で撮影した動画を投稿してほかのユーザーに見てもらうこともできます。メーカーやアーティストの公式チャンネルもあるので、最新の情報を入手したり、音楽を楽しんだりすることができます。ここでは、YouTubeへのアクセス方法と画面構成を解説します。

P.015の004を参考にGoogleにログインし、Google検索トップページで❶→<YouTube>の順にクリックします❷。

YouTubeのトップページが表示されます。

●トップページの画面構成

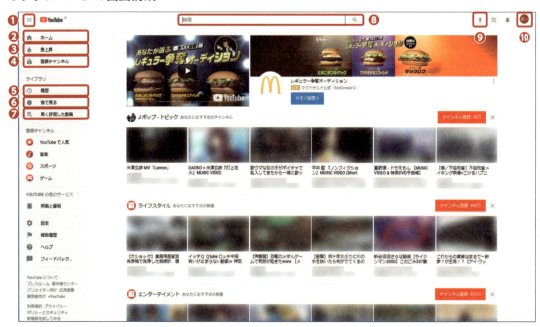

❶	ガイドのオン／オフ	画面左側のガイドの表示／非表示を切り替えます。	❻	後で見る	あとで見るために登録した動画が表示されます。
❷	ホーム	トップページが表示されます。	❼	高く評価した動画	自分が高く評価した動画の一覧が表示されます。
❸	急上昇	再生回数が急上昇している動画が表示されます。	❽	検索ボックス	キーワードを入力して動画を検索できます。
❹	登録チャンネル	登録しているチャンネルの最新情報を見ることができます。	❾	アップロード	動画をアップロードできます。
❺	履歴	自分が再生した動画や検索した動画の履歴が表示されます。	❿	プロフィール	アカウントのログイン／ログアウト、追加を行います。

YouTubeでは動画の再生の際に広告が表示されることがあります。動画を再生すると左下に表示される広告の場合は、マウスポインターを合わせると表示される<閉じる>をクリックし、動画が始まる前に再生される広告の場合は<広告をスキップ>をクリックします。なお、スキップができない広告は広告が終わるまで動画を再生できません。また、トップページに表示される広告は、<広告を閉じる>をクリックします。

172 動画を検索して閲覧しよう

動画を視聴するには、視聴したい動画のキーワードをトップページ画面上部の検索ボックスに入力します。キーワードを入力すると、ほかのユーザーが検索しているキーワードや、一度検索したことのあるキーワードが検索候補として表示され、任意の検索候補をクリックすることですばやく検索することができます。

画面上部の検索ボックスに任意のキーワードを入力し❶、🔍をクリックします❷。

動画を視聴できます。

検索結果が表示されたら、視聴したい動画のサムネイル、またはタイトルをクリックします❸。

●Googleから検索する

Googleの検索バーに検索したいキーワードを入力し、「YouTube」と加えて検索すると、Google検索画面からでもYouTubeの動画を検索できます。

173 英語の動画に字幕を付けて動画を見よう

YouTubeの動画には、字幕を付けることができます。字幕は投稿者が字幕を追加した場合や、自動字幕機能を利用している場合のみ表示されます。音声認識技術を利用した自動字幕機能により、英語などを自動でリアルタイムに日本語に翻訳してくれるので、世界中の動画をより楽しむことができます。

動画の再生画面を表示して、⚙をクリックし❶、<字幕>をクリックします❷。

<日本語>をクリックします❹。

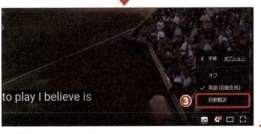

<自動翻訳>をクリックします❸。

日本語の字幕が表示されます。

> YouTubeには、急上昇ランキングがあります。トップページ左上にある<急上昇>をクリックすると、今話題の動画や、再生回数の多い動画を閲覧することができます。

174 同じシーンをくり返したり巻き戻したりしよう

YouTubeでは、お気に入りのシーンや、もう一度見たいシーンなどがある場合、動画を巻き戻す方法があります。再生画面下のバーを左右にドラッグするか、任意の位置をクリックすると、動画の早送りや巻き戻しができます。また、キーボードのショートカットキーでの操作でも、巻き戻しなどの操作が行えるので、覚えておくと便利です。

動画の再生画面を表示して、再生画面下の■を左右にドラッグするか❶、任意の位置をクリックします。

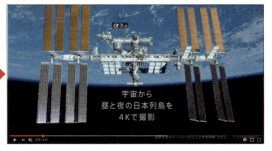

動画が巻き戻しされます。

●ショートカットキーの一例

K	再生・一時停止	←	5秒戻し	End	動画の最後へ
L	10秒送り	→	5秒送り	F	フルスクリーンモード
J	10秒戻し	Home	動画の先頭へ	M	ミュート

175 関連動画が自動再生されないようにしよう

動画の再生が終了したあとや、再生画面右側に「関連動画」が表示されることがあります。これは、自分がよく見る動画やキーワードをGoogleが探して関連動画を表示する機能で、初期設定では自動的に関連動画が再生されます。「自動再生機能」をオフにすると、自動で再生されないようになります。

●再生中にオフにする

動画の再生画面を表示して、■をクリックし❶、「自動再生」の■をクリックします❷。

自動再生がオフになります。

●再生画面でオフにする

再生画面右上の●をクリックしても自動再生をオフにできます❶。

 動画はフルスクリーンで視聴することができます。再生画面の右下に表示される■をクリックするとフルスクリーンで表示されます。もとの表示に戻すには、■をクリックするか、Escキーを押します。

176 気に入った動画をあとで見られるようにしよう

見る時間がないときや、気に入った動画をもう一度見たい場合は、「後で見る」リストに追加しておくとよいでしょう。検索画面から追加する場合は、アイコンをクリックするだけでかんたんに追加できます。

●検索画面から追加する

検索結果画面でサムネイルにマウスポインターを合わせ、 をクリックします❶。

が表示され、「後で見る」リストに追加されます。

●再生中に追加する

動画の再生画面を表示して、右下にある をクリックします❶。

「後で見る」のチェックボックスをクリックしてチェックを付けると❷、リストに追加されます。

177 お気に入りの投稿者の動画を見よう

YouTubeでは、「チャンネル」と呼ばれる自分だけの番組のようなものを作ることができます。気に入ったチャンネルの動画を一覧で表示したい場合は、再生画面からチャンネルのアイコンまたは、アカウントをクリックして表示し、<動画>をクリックすると表示されます。また、チャンネル登録をしておくと、そのチャンネルの新着動画などの通知を受け取ることができます。

動画の再生画面を表示して、投稿者のアイコンまたは、アカウントをクリックします❶。

<動画>をクリックすると❷、これまでに投稿された動画の一覧を閲覧することができます。また、チャンネル登録したい場合は、右上の<チャンネル登録>をクリックします❸。

動画の再生速度を変更したい場合は、再生画面右下の をクリックし、<速度>をクリックします。初期設定では「標準」になっているので、速める場合には<1>以上を、遅くする場合には<0.75>以下をクリックします。

178 前に見た動画をもう一度見よう

Googleアカウントでログインしている場合には、一度視聴したことのある動画の履歴を一覧で表示させることができます。また、＜検索履歴＞をクリックすると、一度検索したことのあるキーワードが表示されます。

●再生履歴

トップページで＜履歴＞をクリックします❶。

「再生履歴」が表示されます。なお、もう一度見たい動画をクリックすると、再生されます。

●検索履歴

「履歴」画面で、＜検索履歴＞をクリックします❶。

一度検索したことのあるキーワードが表示されます。

179 マイチャンネルを作成しよう

マイチャンネルを作成すると、動画にコメントを付けたり、再生リストを作成したり、動画をアップロードしたりすることができます。マイチャンネルは、Googleアカウントと紐付けられているので、ログインした状態から作成するとよいでしょう。なお、マイチャンネル作成時に入力した名前が、YouTubeのチャンネル名になります。作成したマイチャンネルはあとからでも編集が可能です。

Googleアカウントにログインした状態で、画面右上のアカウントアイコンをクリックし❶、＜マイチャンネル＞をクリックします❷。

名前を入力し❸、＜チャンネルを作成＞をクリックします❹。

マイチャンネルが作成されます。

 YouTubeに公開されている動画には、投稿者がコメントを有効にしている場合のみ、コメントや評価を残すことができます。再生画面を下方向にスクロールし、＜公開コメントを追加＞をクリックすると動画にコメントが残せます。また、👍や👎をクリックすると、コメントを残さずに評価ができます。高評価を付けた動画は、トップページの＜高く評価した動画＞をクリックすると閲覧できます。

180 お気に入りの動画を再生リストにまとめよう

YouTubeでは、自分だけのお気に入りの動画を集めて、再生リストにまとめることができます。名前を付けて保存することができるので、好きなジャンルやキーワードごとにまとめることも可能です。また、再生リストごとに公開範囲を設定できるので、ほかのユーザーと共有するリスト（公開）と自分用のリスト（非公開）などと分けておくとよいでしょう。

動画の再生画面を表示して、☲をクリックします❶。

<新しい再生リストを作成>をクリックします❷。

再生リストの名前を入力して、公開範囲を指定し❸、<作成>をクリックします❹。

トップページ左側にある<ライブラリ>をクリックします❺。

作成した再生リストをクリックすると❻、再生されます。

既存の再生リストに追加する場合は、手順❷の画面で、該当するリストにチェックを付けると追加されます❼。

> **G** YouTubeでは、特殊なカメラで撮影された360°のパノラマ映像も投稿されています。360°で視聴できる動画には、サムネイルに「360°」と記載されています。再生中に画面をドラッグするか、左上の■をクリックすると視点が切り替わり、360°の視点で動画を視聴することができます。スマートフォンで再生すると、本体の動きに合わせて視点が変わるものもあります。

121

181 動画をYouTubeにアップロードしよう

YouTubeでは、自分が撮影した動画を投稿し、ほかのユーザーに見てもらうことができます。投稿した動画は、トップページ右上のアカウントアイコンをクリックし、＜マイチャンネル＞をクリックすると閲覧できます。また、公開範囲を設定できるため、プライベートな動画や友人だけに見せたい動画などは、「限定公開」または「非公開」に設定するとよいでしょう。なお、肖像権や著作権に関わるような内容の動画を投稿する際などは、十分な注意が必要です。

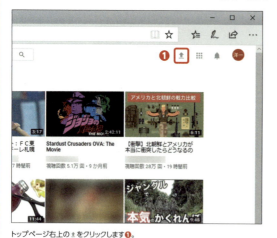

トップページ右上の ▲ をクリックします❶。

タイトルや説明、タグなどを入力し❻、動画のサムネイルをクリックしたら❼、＜公開＞をクリックします❽。

公開範囲を指定し❷、■をクリックします❸。

サムネイルをクリックします❾。

アップロードする動画をクリックし❹、＜開く＞をクリックします❺。

投稿した動画が再生されます。

> YouTubeパートナープログラムに申し込むと、動画が収益化され、表示される広告などによる視聴から収益を受け取ることができます。申し込みの方法は、トップページ右上のアカウントアイコンをクリックし、＜クリエイターツール＞→＜チャンネル＞→＜収益受け取り＞の順にクリックすると申し込みができます。なお、申し込みをすると、参加条件を満たしているかの審査が行われます。

182 YouTubeにアップロードした動画を非公開にしよう

投稿する動画は、公開範囲を設定してからアップロードするのが一般的ですが、投稿したあとでも公開範囲を変更することができます。「非公開」を選択すると指定したユーザーだけ視聴できるようになり、「限定公開」を選択すると、動画のリンクを知っているユーザーだけ視聴できます。

トップページ右上のアカウントアイコンをクリックし❶、＜クリエイターツール＞をクリックします❷。

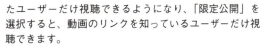

公開範囲を「非公開」に指定し❺、＜変更を保存＞をクリックします❻。

＜動画の管理＞をクリックして❸、非公開にしたい動画の＜編集＞をクリックします❹。

←をクリックすると❼、もとの画面に戻ります。

183 YouTubeにアップロードした動画を削除しよう

投稿した動画は、削除することができます。トップページ右上のアカウントアイコンをクリックして、「クリエイターツール」を開き、「動画の管理」画面から削除したい動画を選択して＜削除＞をクリックすると、動画を削除することができます。なお、削除した動画はもとに戻すことができません。

182を参考に「クリエイターツール」を開き、＜動画の管理＞をクリックします❶。

＜削除＞をクリックします❹。

削除したい動画のチェックボックスをクリックしてチェックを付け❷、＜操作＞をクリックします❸。

＜削除＞をクリックします❺。

 不適切な動画は、Googleに報告して削除してもらうことができます。不適切な動画の再生画面下にある…をクリックして、＜報告＞をクリックします。該当する違反内容をクリックしてチェックを付け、タイムスタンプと詳細を入力すると報告されます。なお、誰が報告したかはほかのユーザーには知られません。

123

184 スマートフォンでYouTubeの動画を閲覧しよう

AndroidスマートフォンやiPhoneでも、YouTubeの動画を視聴することができます。パソコン版YouTubeと同じGoogleアカウントでログインすれば、動画を視聴することはもちろん、パソコン版YouTubeの登録チャンネルや再生リスト、履歴などもそのまま再生できます。また、特別な機材やカメラがなくても、スマートフォンで撮影した動画をアップロードすることもできるので便利です。

ホーム画面かアプリ一覧で＜YouTube＞をタップします❶。

画面上部の🔍をタップします❷。

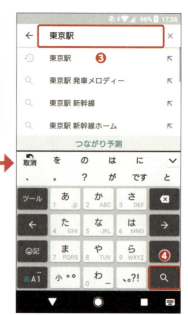

検索ボックスにキーワードを入力し❸、🔍をタップします❹。

キーワードに関連する動画の一覧が表示されるので、視聴したい動画をタップすると再生されます❺。

動画を終了させたい場合は、左上の∨をタップするか❻、再生画面を下方向にスライドします。

再生画面が小さくなったら、左右にスライドします❼。

> **G** スマートフォンのYouTubeでは、本体を横向きにすると全画面で動画を表示することができます。その際、本体の画面回転設定が自動になっている必要があります。また、動画はデータ量が多いため、Wi-Fi環境での利用をおすすめします。

Google Chrome

Chapter 9

Google Chrome
を使いこなそう

Google Chromeは、多くのユーザーが利用している
Webブラウザです。ここでは、インストール方法や検索
をするうえで便利な機能を紹介します。スマートフォンと
同期することもできるので、活用してみるとよいでしょう。

185 Google Chromeの基本と画面構成を知ろう

Google Chromeは、世界シェア1位になるほど、多くのユーザーが利用しているGoogleのWebブラウザです。アドレスバーにはURLだけでなく検索するキーワードも入力でき、最近検索した単語やアクセスしたURLが候補として表示されるので、最後まで入力しなくてもすばやく検索することが可能です。さらに、拡張機能も数多く用意されているため、さまざまなサービスを利用することができます。

186 Google Chromeをインストールしよう

Google Chromeを利用するには、Google Chromeをインストールする必要があります。Microsoft Edgeで「https://www.google.co.jp/chrome/」にアクセスし、インストールしましょう。

「https://www.google.co.jp/chrome/」にアクセスし、＜Chromeをダウンロード＞をクリックして❶、画面の指示に従ってインストールを完了させます。

187 Googleアカウントでログインしよう

Google Chromeをインストールしたら、P.014の003で作成したGoogleアカウントでログインしましょう。ログインすると、GmailやGoogleカレンダーなどのさまざまなサービスを利用することができるようになります。

Google検索トップページ右上の＜ログイン＞をクリックします❶。メールアドレスを入力し、＜次へ＞をクリックしたら、パスワードを入力して、＜次へ＞をクリックすると、ログインが完了します。

 Google Chromeは自動的に最新版にアップデートされます。現在のバージョンを確認したいときは、画面右上の︙→＜ヘルプ＞→＜Google Chromeについて＞の順にクリックします。

188 Google Chromeの同期設定を確認しよう

Google Chromeでは、ブックマークや閲覧履歴、パスワードなどを、同じGoogleアカウントでログインしているパソコンやスマートフォン間で同期することができます。ここでは、同期設定を確認する方法を解説します。同期は、各項目によってオンにしたりオフにしたりすることが可能です。

画面右上の ︙ をクリックし❶、<設定>→<同期>の順にクリックします❷。

ここではすべての項目が同期されています。項目ごとに設定したいときは、「すべてを同期する」の をクリックしてオフにし❸、同期したい項目の をクリックします❹。

189 Webページを検索しよう

Webページを検索するには、アドレスバーに検索したいキーワードを入力します。キーワードを入力すると、検索候補が表示され、該当するキーワードをクリックすると、すばやく検索結果を表示させることができます。知りたいことや気になるキーワードを入力して検索してみましょう。

アドレスバーに検索したいキーワードを入力し❶、Enterキーを押します。

検索結果が表示されます。

> Google Chromeのデザインを変更したいときは、画面右上の ︙ →<設定>→<テーマ>の順にクリックし、適用したいデザインをクリックして、<CHROMEに追加>をクリックします。

190 Webページ上のテキストから検索しよう

Google Chromeでは、Webページ上のテキストを検索することができます。Webページ閲覧中に、詳しく知りたい語句や画像などがあったときに活用するとよいでしょう。検索ボックスに入力する手間が省けるので便利です。

Webページ上で調べたいキーワードをドラッグして右クリックし❶、＜Googleで「○○」を検索＞をクリックします❷。

検索結果が新しいタブで表示されます。

191 Webページ内のキーワードを検索しよう

Google Chromeでは、Webページ内の特定の語句を検索することができます。調べたいキーワードをすぐに見つけることができるので、情報量が多いページなどで利用するとよいでしょう。検索したキーワードはハイライトで表示され、Webページ内にいくつあるかを表示してくれます。

Webページ表示中に、画面右上の︙をクリックし❶、＜検索＞をクリックします❷。

検索したいキーワードを入力し❸、Enterキーを押します。

該当するキーワードがハイライトで表示されます。

 ブックマークを登録するには、登録したWebページを表示して☆をクリックし、ブックマークの名前と保存するフォルダを設定して＜完了＞をクリックします。

192 一度閉じたタブを再び開こう

Google Chromeで閲覧したWebページを閉じてしまうと、再び同じWebページを開くのに手間がかかります。そのようなときは、「最近閉じたタブ」からかんたんに開くことができます。

画面右上の︙をクリックし❶、<履歴>にマウスポインターを合わせ❷、「最近閉じたタブ」から任意のWebページをクリックすると❸、タブが開きます。

193 常に開いておきたいWebページをタブに固定しよう

よく見るWebページがあるときは、タブを固定しておくと便利です。固定したタブは、再起動しても、固定された状態が保持されているので、毎回開く必要はありません。

Webページを表示し、タブを右クリックしたら❶、<タブを固定>をクリックします❷。

194 ブックマークバーを表示しよう

ブックマークバーを表示させておけば、「ブックマークバー」に登録したWebサイトにワンクリックですばやくアクセスできるようになります。ブックマークバーは、表示／非表示を切り替えることが可能なので、コマンドメニューからその都度ブックマークを表示するのが面倒なときなどは、ブックマークバーを常に表示させておくとよいでしょう。

画面右上の︙をクリックし❶、<ブックマーク>にマウスポインターを合わせ❷、<ブックマークバーを表示>をクリックします❸。

アドレスバーの下にブックマークバーが表示され、ブックマークに登録しているWebサイトが表示されます。

 ブックマークバー上に表示される名前をクリックすると、そのWebページを表示することができます。︙をクリックし、<ブックマーク>にマウスポインターを合わせると表示される<ブックマークマネージャ>をクリックすると、登録したブックマークを一覧で見ることができます。

195 Microsoft Edgeのお気に入りを取り込もう

Google Chromeでは、Microsoft Edgeで使用していたお気に入りやブックマークをインポートして利用することができます。これまでMicrosoft Edgeを利用していた場合でも、この機能を利用すれば、効率的にGoogle Chromeに移行することができるでしょう。

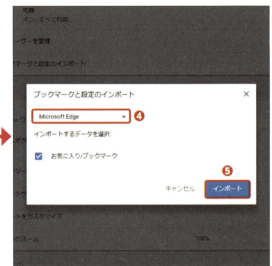

画面右上の⋮をクリックし❶、<ブックマーク>にマウスポインターを合わせ❷、<ブックマークと設定をインポート>をクリックします❸。

インポートしたいWebブラウザを選択し❹、<インポート>をクリックすると❺、インポートが完了します。

196 履歴からWebページを開こう

Google Chromeでは、過去90日間にGoogle ChromeでアクセスしたWebページが履歴として保存されています。過去に閲覧したWebページを再度見たいときは、閲覧履歴を活用してみましょう。

画面右上の⋮をクリックし❶、<履歴>にマウスポインターを合わせ❷、<履歴>をクリックします❸。

見たいWebページをクリックすると❹、Webページが表示されます。

> 同じアカウントを使用してGoogle Chromeにログインすれば、ブックマークや履歴など、同じ情報が反映されます。ほかの端末で現在開いているタブを確認したいときは、P.130の196を参考に「履歴」画面を表示し、<他のデバイスからのタブ>をクリックします。

197 履歴を削除しよう

履歴は、過去に閲覧したWebページへかんたんにアクセスできるため便利ですが、どのようなWebページを閲覧したのかがわかってしまいます。ほかの人に見られたくない場合は、閲覧履歴を削除しておきましょう。なお、履歴は個別に削除する方法と、すべての履歴をまとめて削除する方法があります。

●個別に削除する

P.130の196を参考に「履歴」画面を表示し、削除したい履歴のチェックボックスをクリックしてチェックを付け❶、<削除>をクリックします❷。

●まとめて削除する

左の画面で、画面左側に表示されている<閲覧履歴データを消去する>をクリックし、「期間」を<全期間>に設定して❶、「閲覧履歴」のチェックボックスをクリックしてチェックを付けたら❷、<データを消去>をクリックします❸。

198 履歴を残さずにWebページを閲覧しよう

Webページの閲覧履歴やダウンロード履歴を残したくない場合は、シークレットモードを利用するとよいでしょう。シークレットウィンドウで閲覧したWebページの情報は、ウィンドウを閉じたあとにすべて削除されます。

画面右上の︙→<シークレットウィンドウを開く>の順にクリックすると、シークレットモードでWebページを閲覧できます。

199 キャッシュを削除しよう

Google ChromeなどのWebブラウザでは、閲覧したWebページの情報がキャッシュに保存されます。Webページの表示がうまくいかないときは、キャッシュを削除してみましょう。

197の右側の画面で、「キャッシュされた画像とファイル」のチェックボックスをクリックしてチェックを付け❶、<データを消去>をクリックします❷。

G 199の画面で<詳細設定>をクリックすると、より細かなデータの削除が行えます。P.132で紹介している自動入力されるデータやパスワードなども削除できます。

200 住所や名前を自動入力しよう

Webサイトにログインしようとしたとき、住所や名前、電話番号などを毎回入力するのは面倒です。そのようなときは、Google Chromeの自動入力機能を利用しましょう。オンラインフォームに自分で入力するかわりに、住所や名前が自動で入力されるため、入力する手間が省けて便利です。また、クレジットカードの情報を登録しておけば、ネットショッピングをしている際も、購入がスムーズに行えます。

画面右上の︙→＜設定＞→＜詳細設定＞→＜自動入力の設定＞の順にクリックします❶。

「フォームへの自動入力」の をクリックしてオンにし❷、「住所」の＜追加＞をクリックします❸。

住所や名前などの必要事項を入力し❹、＜保存＞をクリックします❺。

201 Webサービスのパスワードを保存しよう

Google Chromeでは、Webサイトにログインしようとすると、パスワードを保存するかどうかを確認するメッセージが表示されます。＜保存＞をクリックするとパスワードが保存され、次回以降は同じWebサイトに自動的にログインできるようになります。

●パスワードを保存する

Webサイトにログインすると、画面右上にポップアップが表示されます。＜保存＞をクリックすると❶、パスワードが保存されます。

●保存したパスワードを確認する

画面右上の︙→＜設定＞→＜詳細設定＞→＜パスワードを管理＞の順にクリックし、「保存したパスワード」の中に表示されているWebサイトの をクリックします❶。パソコンのパスワードを求められた場合は入力すると、パスワードを確認できます。

Google Chromeの拡張機能を利用したいときは、Chromeウェブストア（https://chrome.google.com/webstore/）から拡張機能をインストールしましょう。拡張機能は豊富に用意されているので、Google Chromeを使いやすいようにカスタマイズできます。

202 Webページを印刷しよう

Webページは印刷することができます。印刷部数や印刷サイズ、レイアウト、カラーなどを設定して、印刷してみましょう。また、プレビュー画面が表示されるため、印刷する前にレイアウトを確認できます。プレビューにマウスポインターを合わせれば、拡大・縮小ができるので便利です。

印刷したいWebページを表示したら、画面右上の︙をクリックし❶、<印刷>をクリックします❷。

プレビューを確認し、部数やレイアウトなどを設定して❸、<印刷>をクリックします❹。

---

203 WebページをPDFで保存しよう

Webページは印刷だけでなく、PDFにして保存することができます。資料になりそうなWebページや、好きなデザインのWebページを見つけたら、PDFにして保存しておくとよいでしょう。印刷だと紙がかさばってしまいますが、PDFであればデータとして残すことができるため、管理や共有もしやすくなります。

202を参考に「印刷」画面を表示し、「送信先」の<変更>をクリックします❶。

<PDFに保存>をクリックし❷、<保存>をクリックしたら、保存先やファイル名を指定して保存しましょう。

Webページ内の一部分を印刷したいときは、印刷したい範囲をドラッグして選択し、右クリックして<印刷>をクリックします。プレビュー画面が表示されるので、部数やレイアウトを確認して<印刷>をクリックします。

204 Webページを翻訳しよう

Google Chromeでは、Webページを翻訳することができます。外国語のWebページを開くと、画面右上に「このページを翻訳しますか？」というメッセージが表示されるので、＜翻訳＞をクリックしましょう。なお、一部のWebページでは、このメッセージが表示されません。

そのようなときは、Webページの何もない箇所を右クリックし、＜日本語に翻訳＞をクリックすると、日本語に翻訳されて表示されます。外国語の勉強にもなるので、活用してみてください。

外国語のWebページを表示すると、「このページを翻訳しますか?」というメッセージが表示されるので、＜翻訳＞をクリックします❶。

Webページが日本語に翻訳されて表示されます。

205 Google Chromeを既定のWebブラウザにしよう

Windows 10では、Microsoft Edgeが既定のWebブラウザとして設定されています。Google Chromeを既定のWebブラウザに設定したいときは、Windowsの設定画面から変更してみましょう。

デスクトップ画面左下の⊞をクリックし❶、⚙をクリックします❷。

＜アプリ＞をクリックします❸。

＜既定のアプリ＞をクリックし❹、「Webブラウザー」で設定されているWebブラウザ（ここでは＜Microsoft Edge＞）をクリックし❺、＜Google Chrome＞をクリックします❻。

Google Chromeを既定のWebブラウザに設定すると、メールやWordなどに表示されているリンクをクリックしたときにGoogle Chromeが起動するようになります。普段使うWebブラウザを既定のWebブラウザに設定しておきましょう。

206 スマートフォンで「Google Chrome」アプリを使おう

「Google Chrome」アプリは、Googleが提供するWebブラウザで、多くのAndroid端末には標準でインストールされています。「Google Chrome」アプリを使用して、インターネットを楽しみましょう。なお、iPhoneで利用するためには、「App Store」からインストールする必要があります。

●検索する

ホーム画面で をタップして「Google Chrome」アプリを起動し❶、検索ボックスをタップしてキーワードを入力したら❷、<実行>をタップします。

検索結果画面が表示されます。

●メニューを表示する

画面右上の をタップすると、メニューが表示され、さまざまな操作が行えます。

207 スマートフォンのGoogle Chromeの同期を設定しよう

スマートフォン版の「Google Chrome」アプリでは、パソコンで使用しているものと同じGoogleアカウントでログインすることで、閲覧履歴やブックマーク、パスワードなどを同期させることができます。パソコンと同じ情報をスマートフォンで確認できるので便利です。なお、同期は各項目ごとに設定できるので、同期したくない項目はオフにしておきましょう。

「Google Chrome」アプリを起動し、画面右上の をタップします❶。

<設定>をタップします❷。

アカウント名をタップします❸。

<同期>をタップします❹。

「同期」の をタップします❺。

設定がオンになり、ブックマークや履歴などが同期されます。

スマートフォンの「Google Chrome」アプリで、パソコンと同じGoogleアカウントでログインすると、ブックマークや履歴などのすべての情報が同期されます。特定の項目だけを同期したいときは、207を参考に「同期」画面を表示し、「データタイプ」の<すべてを同期する>をタップしてオフにし、同期したい項目にチェックを付けましょう。

208 パソコンで見ていたWebページをスマートフォンで見よう

P.135の207を参考にスマートフォンとパソコンを同期させると、パソコンのGoogle Chromeで見ていたWebページのタブや履歴を、スマートフォンでも閲覧できるようになります。外出先などでも同じ情報にアクセスできるので便利です。ここでは、履歴からWebページを閲覧する方法を解説します。

画面右上の：→＜履歴＞の順にタップします❶。

パソコンで閲覧したWebページの履歴が表示されます。閲覧したいWebページをタップします❷。

Webページが表示されます。

209 同期したデータをリセットしよう

同期した情報は、Googleアカウントからいつでも削除することができます。同期をリセットすると、同期が停止し、同期済みのGoogle ChromeのデータがGoogleのサーバーから削除されますが、端末からは削除されません。同期を開始するには、再度同じGoogleアカウントでGoogle Chromeにログインします。

 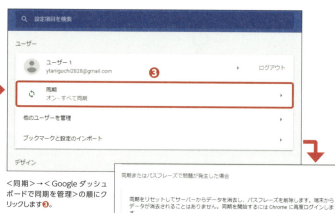

パソコンで、画面右上の：をクリックし❶、＜設定＞をクリックします❷。

＜同期＞→＜Googleダッシュボードで同期を管理＞の順にクリックします❸。

＜同期をリセット＞→＜OK＞の順にクリックすると❹、同期がリセットされます。

パソコンで現在開いているWebページをスマートフォンでも見たいときは、「Google Chrome」アプリを起動し、画面右上の：→＜最近使ったタブ＞の順にタップしましょう。パソコンで開いているタブの一覧が表示されるので、見たいタブをタップします。

Other

Chapter 10

そのほかのGoogle サービスを使おう

第1～9章で紹介したサービスのほかにも、Googleはさまざまなサービスを提供しています。ここでは、話題のスマートスピーカーをはじめ、知っておくと役立つ便利なサービスについて紹介します。

210 スマートスピーカー Google Homeで「OK Google！」

Google Homeは、Googleアシスタントを搭載したスマートスピーカーです。「OK Google」と話しかけるだけで、天気予報や目的地までの経路といった生活に役立つ情報をはじめ、有名人に関する情報や国の首都といった雑学まで、高い精度で検索して教えてくれます。また、アラームの設定やスケジュールの確認ができるほか、Google Play MusicやSpotifyなどのサービスを利用して音楽を楽しむことも可能です。さらに、占いや言葉遊びなどのお遊び機能も豊富に搭載されているので、いろいろなことを話しかけ、会話をしたり、いっしょにゲームをしたりして楽しみましょう。

さらに、Google Home対応のAV機器やロボット掃除機などのデバイスとつながることにより、音声だけで対応デバイスの操作が可能になり、より生活を便利にしてくれます。なお、Google Homeの利用にはWi-Fi環境が必須で、設定は専用のアプリを使って行います。

Googleアシスタントを備えたスマートスピーカー「Google Home」（左）と、コンパクトな設計でリーズナブルな価格を実現した「Google Home Mini」（右）です。Google Homeの定価は15,120円（税込）、Google Home Miniの定価は6,480円（税込）で、Googleストアや家電量販店などで購入することができます。

Google Homeはデザインがシンプルなため、リビングや寝室などにもなじみます。ベースカラーには3色が用意されており、雰囲気に合ったものを選べるのも魅力的です。また、話しかけるだけで操作が可能なため、手が濡れたりふさがったりしていることの多いキッチンでも活用できます。

画像提供：Google

 テレビの機能を拡張するアイテムには「Chromecast」があります。Chromecastを利用すれば、スマートフォンで見ている映像コンテンツやアプリのほか、写真や動画などを、テレビの大画面で楽しむことができるようになります。なお利用には、Wi-Fi環境と、HDMI端子を搭載したテレビが必要です。

211 Google翻訳で翻訳機いらず

Google 翻訳は、Google が提供する翻訳サービスです。世界 100 か国以上の言語に対応しており、単語や文章だけでなく、Web ページ全体を翻訳することもできます。入力した単語や文章を即座に翻訳してくれるリアルタイム機能や、音声入力機能などの便利な機能も備えています。翻訳されたテキストは音声で聞くこともできます。

また、よく使うフレーズをフレーズ集に保存しておけば、知りたいときにすぐに見つけることができます。翻訳は機械翻訳で必ずしも完全なものとは限りませんが、ニューラル翻訳機能により、自然な翻訳結果となっています。Google 翻訳は、Google 検索トップページで ⊞ →＜翻訳＞の順にクリックすることで利用できます。

Google 検索トップページで ⊞ をクリックし❶、＜翻訳＞をクリックします❷。

入力する言語をクリックして選択し❸、翻訳する言語をクリックして選択します❹。

翻訳したい単語や文章を入力すると❺、指定した言語に翻訳されます。

> スマートフォンで利用できる「Google 翻訳」アプリでは、カメラを使ったリアルタイム翻訳や、音声入力による会話モードでの翻訳、手書き入力した翻訳といったさまざまな翻訳機能を利用できます。オフラインでの翻訳も可能なため、インターネットに接続できない環境でも利用できて便利です。

139

212 Google Keepになんでも保存

Google Keep は、覚えておきたいことや、思い付いたアイデアなどを手軽に記録できるメモアプリです。Webページや画像なども保存することができるほか、時間や場所を指定して通知させることもできます。作成したメモは、スマートフォンの「Google Keep」アプリと同期可能なので、いつでもどこからでも確認できて便利です。Google Keep を利用するには、Google 検索トップページで⊞→＜もっと見る＞→＜Keep＞の順にクリックします。ここではメモを作成する方法を解説します。

Google 検索トップページで⊞をクリックし❶、＜もっと見る＞→＜Keep＞の順にクリックすると❷、Google Keep ページが表示されます。

メモの内容を入力し❸、🖐をクリックします❹。

ここでは＜日付と時間を選択＞をクリックします❺。

日付と時間を設定し❻、＜保存＞をクリックしたら❼、＜閉じる＞をクリックします❽。

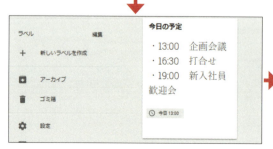

日付とリマインダーが設定されたメモが作成されます。

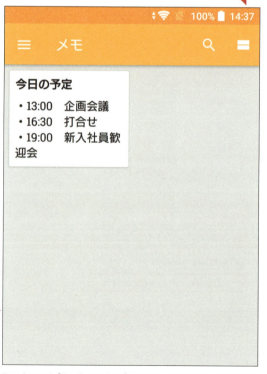

スマートフォンの「Google Keep」アプリをインストールして起動し、Google アカウントにログインすると、手順❸～❼で作成したメモを確認できます。

 Google Chrome で「Google Keep Chrome 拡張機能」を利用すると、Webページの情報をメモとして保存することができます。Chrome ウェブストアで「Google Keep Chrome 拡張機能」をダウンロードしてインストールしたら、メモに保存したい Web ページを表示し、画面右上の💡をクリックします。

140

213 Google Playで音楽・動画・電子書籍を読む

Google Playは、Androidスマートフォン・タブレット向けのデジタルコンテンツ配信サービスです。さまざまなジャンルのアプリや映画、音楽、電子書籍などが配信されており、Googleアカウントを持っていれば、多くのコンテンツを楽しむことができます。Google Playはアプリ版のほかに、パソコンなどのWebブラウザからアクセスできるWeb版も用意されています。なお、コンテンツには有料と無料のものがあります。

● 映画＆テレビ

映画やテレビドラマ、アニメなどの映像コンテンツが配信されています。ジャンル別に探すことができるほか、人気ランキングや新作も確認することができます。映画を提供するスタジオやテレビチャンネルも幅広く用意されているので、さまざまなコンテンツを楽しめます。販売形態にはレンタルと購入がありますが、レンタルの場合は30日後、または再生を開始してから48時間後の有効期限があるので注意が必要です。

● 音楽

4,000万曲以上の楽曲が配信されており、月額980円で聴き放題の音楽ストリーミングサービスです。ユーザーの好みを学習することができ、聴けば聴くほど精度が上がるレコメンデーション機能や、そのときの気分に合ったプレイリストを届けてくれる機能などがあります。なお、曲やアルバム、プレイリストをダウンロードしておけば、オフラインでの再生も可能です。

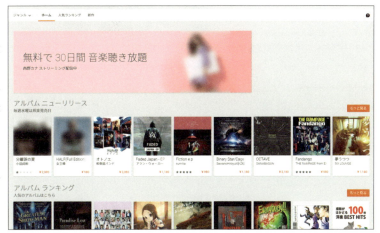

● 電子書籍

書籍やマンガ、オーディオブックなど、数百万冊もの電子書籍が配信されています。ジャンルも豊富に用意されており、人気ランキングや新着情報も確認できるので、最新の情報にアクセスすることが可能です。また、書籍によって無料サンプルが配信されているという点も魅力の1つです。ダウンロードしておけば、いつでもどこでも読んだり聴いたりすることができるので、外出先でも活用できます。

 Google Playで購入したコンテンツはGoogleアカウントに紐付けられるため、複数の端末で利用することができます。外出していてパソコンがない場合でも、スマートフォンを使えばコンテンツを楽しむことができます。

214 Google+で楽しく交流

Google+は、Googleが運営しているSNS（ソーシャル・ネットワーキング・サービス）です。FacebookやTwitterのように、最近の出来事を投稿したり、写真や動画を投稿したりして、Google+を利用している友だちにシェアすることができます。気になる投稿を見つけたら、コメントや「+1」を送り合うことで、より交流を深めることができます。著名人もフォローすることができるので、気になる人物をフォローして、近況をチェックしてみましょう。また、サークルを利用すれば、家族や友だちなどの特定のメンバーだけに投稿を公開することができます。ここでは、文章と写真を投稿する手順を紹介します。

Google検索トップページで⋮⋮をクリックし❶、＜Google+＞クリックします❷。

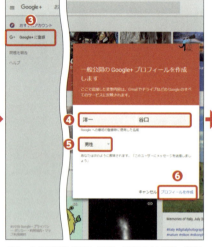

＜Google+に登録＞をクリックし❸、名前を入力して❹、性別を選択したら❺、＜プロフィールを作成＞をクリックします❻。

ここでは＜スキップ＞をクリックすると❼、アカウントが作成されます。

＜ホーム＞をクリックし❽、＜最近の出来事を共有してみましょう＞をクリックします❾。

本文を入力し❿、📷⓫→＜写真をアップロード＞の順にクリックしたら、投稿したい任意の写真を選択します。

写真が挿入されます。＜投稿＞をクリックすると⓬、投稿が完了します。

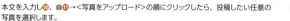

Google+の投稿画面で＜一般公開＞をクリックすると、投稿する記事の公開範囲を設定することができます。特定のユーザーやサークルだけに公開設定することも可能なので、プライバシーを守るために使い分けるとよいでしょう。

215 Googleハングアウトで楽しく無料通話

Googleハングアウトは、Googleが提供するコミュニケーションツールです。メッセージの送受信や、無料のビデオ通話（ハングアウト）、音声通話などが利用できます。Googleアカウントを持っていれば、ユーザーどうしでリアルタイムにやり取りができる便利な機能です。なお、Microsoft Edgeでは正常に動作しない場合があるので、Google Chromeでの使用をおすすめします。スマートフォン用のアプリもあります。

Google検索トップページで ⋮⋮⋮ をクリックし❶、＜もっと見る＞→＜ハングアウト＞の順にクリックします❷。

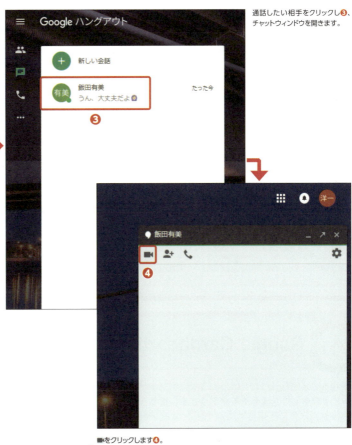

通話したい相手をクリックし❸、チャットウィンドウを開きます。

■をクリックします❹。

呼び出し画面が表示されます。

相手が応答すると、テレビ電話が開始されます。テレビ電話を終了するには、■をクリックします。

Googleハングアウトは、複数の最大150人のユーザーと同時にテレビ電話が行えます。手順❷のあとに＜ビデオハングアウト＞をクリックし、会話をしたいユーザーの名前やメールアドレスを入力して、＜招待＞をクリックしましょう。

216 Google日本語入力で快適入力

Google日本語入力は、Googleが提供する無料の日本語変換ソフトです。ユーザーの入力パターンを学習してくれるので、よく使うフレーズは、最初の数文字を打つだけで自動で予測変換され、すばやい文字入力が可能になります。さらに、参照する辞書のデータは定期的に自動更新されるので、常に最新の語彙を利用することができます。Googleが提供しているため、ソフト自体の品質も高く、安心して利用できるでしょう。Google日本語入力を利用するには、「https://www.google.co.jp/ime/」にアクセスして、＜WINDOWS版をダウンロード＞をクリックし、ソフトをダウンロードします。Androidスマートフォン版もあります。

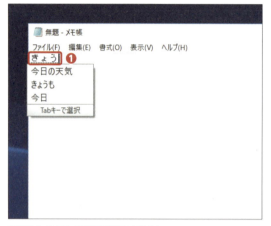

文字を入力すると❶、自動で予測変換してくれます。

デスクトップ画面右下の■をクリックすると❶、日本語変換ソフトを切り替えることができます。

217 Google CardboardでVR体験

Google Cardboardは、スマートフォンでVR（バーチャルリアリティ）を楽しめるアプリです。折りたたみボール紙製の本体に、手持ちのスマートフォンを組み合わせたヘッドマウントビューワーを装着するだけで、VRを体験することができます。なお、Google Cardboardを利用するには、「Google Play」や「App Store」から「Cardboard」アプリ（iPhoneの場合は「Google Cardboard」アプリ）をインストールする必要があります。「Cardboard」アプリでは、「YouTube」アプリなどと連携し、動画やストリートビューをVRで見ることができます。また、自分で撮影した「360°パノラマ写真」をVRで見ることも可能です。

画像提供：Google

手持ちのスマートフォンをビューワーにセットするだけでVR体験ができます。設計図が広く公開されているため、誰でもかんたんに組み立てることが可能です。自由にカスタマイズできるので、自分だけのオリジナルを作ることができます。

Google Cardboard用のヘッドマウントディスプレイは、市販のものを利用することも可能です。詳しくはGoogle CardboardのWebサイト「https://vr.google.com/intl/ja_jp/cardboard/」を参照してください。